CorelDRAW

服装设计
完美表现技法

徐丽　吴丹　编著

化学工业出版社

·北京·

本书是一本实操性较强的 CorelDRAW 服装设计图书，全书共 13 章，分别介绍了服装画设计概论、CorelDRAW 基础知识、服装平面款式设计、青春动感服装的绘制、柔美裙装的绘制、轻便舒适的生活装的绘制、流行时尚装的绘制、职场女装的绘制、妩媚性感的女装的绘制、个性另类服装的绘制、晚礼服的绘制、古典服装的绘制以及舞台装的绘制。书中除了介绍了服装设计的基础知识及 CorelDRAW 基本应用技巧外，作者还精选了 50 个典型案例深入剖析使用 CorelDRAW 进行服装设计与制作的操作流程。

随书光盘中包含所有本书讲解过程中运用到的案例源文件、素材文件及效果文件，供读者学习参考使用。

本书内容全面、实例丰富，非常适合服装设计从业人员使用，也可作为 CorelDRAW 用户提高创意和设计水平的参考书，还能作为高等院校服装设计专业教材。

图书在版编目（CIP）数据

CorelDRAW 服装设计完美表现技法/徐丽，吴丹编著． —北京：
化学工业出版社，2013.1
ISBN 978-7-122-15656-3
ISBN 978-7-89472-661-2（光盘）

Ⅰ．①C… Ⅱ．①徐… ②吴… Ⅲ．①服装设计-计算机辅助
软件-图形软件，Ⅳ.①TS941.26

中国版本图书馆 CIP 数据核字（2012）第 248051 号

责任编辑：张素芳　　　　　　　　　装帧设计：王晓宇　贾　斌
责任校对：边　涛

出版发行：化学工业出版社（北京市东城区青年湖南街 13 号　邮政编码 100011）
印　　装：北京画中画印刷有限公司
787mm×1092mm　1/16　印张 18　字数 460 千字　2013 年 3 月北京第 1 版第 1 次印刷

购书咨询：010-64518888（传真 010-64519686）　售后服务：010-64518899
网　　址：http://www.cip.com.cn
凡购买本书，如有缺损质量问题，本社销售中心负责调换。

定　　价：69.80 元（含 1CD-ROM）

前　言

本书是一本专门针对服装设计学员的实用教程。根据服装设计基础的知识结构要求，以当今最普及、最受欢迎的平面绘图软件之一"CorelDRAW"为操作平台，通过50个典型案例详细讲述了服装款式、服装图案、服装面料、服装辅料、服装画、服装样板、服装工业制单等的设计与制作。

CorelDRAW这款非常优秀、普及的软件，是服装设计专业学员必须掌握的常用软件之一。通过书中50个实例的练习，相信定能帮助读者全面掌握CorelDRAW服装设计与制作的方法与技巧。

本书知识丰富全面，绘制技法科学实用，视觉效果精彩，适用于各服装艺术设计院校的学生使用。全书共分为13章，具体内容如下：

第1章简单介绍了服装画设计概论，帮助读者了解服装画的意义及其表现形式等；

第2章讲解了CorelDRAW基础知识，帮助读者初步认识绘制服装画需要掌握的软件的基本知识；

第3章讲解了服装平面款式设计，帮助读者掌握服装设计的基本要领；

第4~13章是本书的核心部分，也是案例部分。通过50个典型案例详细讲解了运用制图软件CorelDRAW进行服装设计及服装画绘制的方法及技巧，案例精美、丰富，包括青春动感服装的绘制、柔美裙装的绘制、轻便舒适的生活装的绘制、流行时尚装的绘制、职场女装的绘制、妩媚性感的女装的绘制、个性另类服装的绘制、晚礼服的绘制、古典服装的绘制以及舞台装的绘制。

本书在编写过程中，得到了李雪梅、张丹、刘海洋、李艳严、于丽丽、李立敏、裴文贺、霍静、骆晶、刘茜、刘俊红、付宁、方乙晴、陈朗朗、杜弯弯、谷春霞、金海燕、李飞飞、李海英、李雅男等人的大力帮助；另外，贾斌也为本书的版式设计及排版付出了很多心血，在此一并表示感谢。

编　者
2012年10月

Chapter1　服装画设计概论

Chapter2　CorelDRAW基础知识

Chapter3　服装平面款式设计

Chapter4　青春动感服装的绘制

Chapter5　柔美裙装的绘制

Chapter6　轻便舒适生活装的绘制

Chapter7　流行时尚装的绘制

Chapter8　职场女装的绘制

Chapter9　妩媚性感女装的绘制

Chapter10　个性另类服装的绘制

Chapter11　晚礼服的绘制

Chapter12　古典服装的绘制

Chapter13　舞台装的绘制

服装画设计概论

1.1 时装画的概念

1.1.1 时装画的概念

时装画是将服装设计构思以写实或夸张的手法表达出来的一种绘画形式。线条、造型、色彩、光线和面料肌理是时装画的基本要素。其种类因消费目标和绘画工具的不同而千变万化，有水彩、水粉、钢笔、铅笔、剪纸和计算机绘制等。时装画是表达服装设计构思的重要手段，是传递时尚信息的一种媒介，其对服装审美有积极的推动作用。在当今社会，时装画既有艺术价值，又有实用价值，如图1-1所示。

1.1.2 时装画的分类

时装画分为时装效果图、流行时装画、时装插画3种。

时装效果图（fash ion sketch）是指用以表现时装设计构思的概略性的、快速的绘画，通常着力表现时装的结构。时装效果图旁一般附有面料小样和具体的细节说明，是设计师在时装创作整个过程中灵感的捕捉。Skecth

图1-1

是草图的意思，这就是说时装效果图未必需要非常细致的刻画，但一些需要特别交代的结构细部，或整套服装的设计要点必须在时装效果图中表达得非常清楚。时装效果图不仅需要表达出服装的款式、颜色、材料质感，更要表现出服装的功能、环境、特殊工艺、流行趋势、市场定位等诸多商业因素，因为时装效果图比起其他几种时装画更能体现服装的商业价值。

流行时装画 (popular fashion illustration) 常见于时装拓展机构的流行发布读物中，它并不是可以直接用于服装生产的时装画，而是按一定的流行趋势，浓缩了时尚概念所具有的指导意义的时装画。一般在每季到来之前半年的时间，由一些权威性机构或组织根据时装发展的趋势策划出来的流行发布。每季的流行时装画都会推出不同的主题，并反映在色彩、款式、面料这三大要素上，将流行时尚的信息与概念用夸张的手法表现出来。如国际羊毛局、中国服装设计师协会、香港贸易发展局、中国纺织信息中心等机构，每季都会通过报纸、杂志进行流行发布。

时装插画 (fashion illustration) 是一种根据文章内容或编辑风格的需要，用于活跃版面视觉效果的时装插图形式。它可以不具体表现时装款式、色彩、面料的细节，只希望画面能吸引读者，多配在时装报纸或杂志中，也常用于时装海报、POP 广告、产品样本中，时装插画以简洁夸张的形式、富有魅力的形象引人注目，以达到加强视觉印象的目的。

1.2 服装设计与时装画

图1-2

许多初学服装设计的人认为，时装画是一种"版术"，只不过将服装"套"在几个概念化的人体模特上罢了。于是硬背下来几个人体动态，将服装从平面图移到人体动态模特上，以为这便是所谓的时装画了。其实这样的理解是片面的，真正意义的时装画是从造型的根本入手，包含了大量的形象思维和创造性，如图 1-2 所示。

时装效果图是服装设计的第一步。良好的时装设计效果图是准确有效地进行打板和制作的关键。它将设计师的构思完整、形象地展示出来，在服装与人体的关系上给人以直观的效果，是设计语言的形象化表达。国内外的服装设计比赛通常要求参赛的服装设计师先通过画出时装画，表达出设计理念和构思，经筛选入围后，再做成样衣。设计师作品入围与否，在很大程度上就取决于其时装画表达的优劣。时装画家萧本龙曾说："学画时装画不仅能学到一种本领，更能在学习过程中使审美能力提高。"设计师不仅在工作中需要不断记录形象资料，勾画造图，同时在这些不经意的笔触中领悟到一种审美情趣，也是服装设计的组成部分，一种表现方法。

我国加入 WTO 以后，服装设计随着服装产业的不断发展与完善越来越受到社会的关注与重视。服装产业和消费观念不断变化，生产类型向小批量、多品种、短周期模式发展，消费者品位也越来越高，服装设计水平直接影响着购买心理。为在激烈的市场竞争中立于不败之地，服装设计就要迎合消费者的需求，符合流行的发展趋势，不断推出新的设计作品。在这个意义上，时装画担负着重要作用，它将更准确、更有效地促进服装产业的发展，推动服装业的不断繁荣。

1.3 服装设计师与时装画

时装画是服装设计师知识结构的一部分。对服装设计师来讲，时装画的设计功能如下。

(1) 表达设计结构，体现设计效果。

(2) 培养审美能力，提高鉴赏力。

(3) 表现设计师风格和个性。

如果一个从事服装设计的人员不懂时装画，他的工作则无从下手，即使计算机辅助设计也需要专业人员操作。服装设计是一项有一定压力而且追求高效率、高质量的工作，所以服装设计师就必须熟练地掌握时装画这门工具，能得心应手地表达出自己的设计构想。服装设计师应该经过良好、正规的专业学习和训练，并具有深厚的设计艺术底蕴。设计大师们的时装画有的是设计草稿，有的是每季推出的新的款式图，有的是融入个人艺术风格的时装艺术画，但无论是什么时装画，其中都渗透着设计师们的创作精神与服装的艺术感染力。设计师能触及到的艺术高度必然在他的时装画中表露无遗，这也成为了现代设计师们越来越重视的本领。

图1-3

时装画在某种意义上代表着设计师的创意特征和个人风格。在世界时装舞台上，一些著名的服装设计师非常善于运用时装画来传递自己的设计风格。虽然他们不一定是时装画家，但其作品传神、生动。20 世纪初巴黎设计师波华亥与时装画家成功的合作，使设计师们越来越看中这种本领。卡尔·拉格菲尔是当今最具领导时尚能力的设计师之一，其独具的创造力在 1986 年出版的个人时装画专集中就充分体现了出来。他的作品大部分是写生作品，有毛笔勾勒、钢笔线条刻画和彩笔的挥洒，其生动的笔触与大胆的设色颇具专业画家水平。如图 1-3 所示。

服装设计大师们的时装画不仅仅是设计图稿，有的纯粹是为了在每季推出新款的同时，以最快的、简洁的方式将其展现于世，表现了一种时尚设计理念和精神，有着摄影手法不可替代的效果。通过设计师的手笔，人们可以看出时装画嵌入了设计师的设计理念和审美个性，从而拉近了设计师与顾客间的距离，同时也成了设计师品牌的标记。

1.4 时装画的表现形式

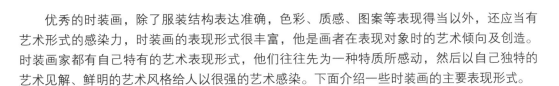

优秀的时装画，除了服装结构表达准确，色彩、质感、图案等表现得当以外，还应当有艺术形式的感染力，时装画的表现形式很丰富，他是画者在表现对象时的艺术倾向及创造。时装画家都有自己特有的艺术表现形式，他们往往先为一种特质所感动，然后以自己独特的艺术见解、鲜明的艺术风格给人以很强的艺术感染。下面介绍一些时装画的主要表现形式。

1.4.1 具象表现形式

具象，就是具体的形象。具象的画面造型来源于自然，但更融入了对自然的联想、象征和隐喻。时装画的具象表现形式是一种接近现实的描绘风格，虽有夸张但不强烈。对人物服

饰刻画得较细腻，接近现实生活。

　　早期的时装绘画很注重写实效果，不论是服装还是人物都以"像"和"不像"进行评判，画家们很是倾心于人物的比例协调、色彩和谐、构图平衡等传统的艺术手法。那时的画家们在进行绘画创作的同时，无形中创造了一种新的绘画画种。

　　我们运用具象的表现形式时，不能机械地像照相机一样模仿，要通过对服装的认真分析，进行概括和提炼。可以将人物的比例和动态进行少许的夸张、变化，以达到理想美的标准。对服装线条、色彩进行归纳处理，有取有舍，主次分明。总之，不能原封不动地表现客观对象。有时为了强调时装的某一局部特征，可以除去一些不必要的细节，将设计师的思维亮点突出显现，但也要注意画面的整体效果，相互协调。如图1-4所示。

图1-4　　　　　　历史上也有许多杰出的擅长具象表现形式的时装画家。

　　(1) 乔治·斯塔罗尼 (George Stavrinos) 所做的时装画，基本上是以素描的形式，通过对衣褶的光影描绘，真实生动地反映了时装的款式造型、面料肌理及衣纹变化，但其不同于一般的素描作品，其中包含对形式的提炼和对服装的理解。

　　(2) 沙朗 (Sharon) 的时装画以粉彩写生的形式，将一些所要表现的细节刻画得极为生动。

　　(3) 赫莱娜·梅杰拉 (Helene Majera) 所表现的服装装饰效果和衣纹处理，鲜明地运用具象的表现形式来追求那种服饰的单纯的形式美。

　　(4) 熊谷小次郎的时装画也十分有魅力。其对人物形象及化妆、发型的描绘既精细又有所强调，表现了繁华浪漫的时尚生活。

1.4.2 抽象表现形式

　　抽象艺术是１９１０年开始流行于西方国家的现代美术流派，至今乃方兴未艾。这一流派在画面上做几何形体的组合或色彩和线条的挥洒，抛弃客观世界的具体形象和生活内容。"无物象"为其绘画艺术的语言特征，既可追求新异，也可表现怪诞。

　　它限定在两个明确的层面上：其一是将自然的外貌约减为简单的形象；其二是指不以自然形貌为基础的艺术构成。抽象画是当今纯艺术绘画的主流，是凭借作者的创造力和想象力，从自然物象或是几何学原形中提炼出的精华，并加以线条或色彩构成的画面。

　　抽象的时装画使夸张的服装艺术形象既符合主观愿望，又符合事物的客观规律。装饰风韵的时装画既有抽象表现形式，也有意象表现形式。抽象的时装画用抽象的形式去掩饰服装的内容，将服装融化在独特的创意造型中。

　　形形色色的抽象艺术流派，与抽象时装画的精神是相互贯通的。总结现代艺术的形式，将它用于时装画的创作是很有必要的。

（1）时空观念的改变与画面处理的关系

　　现代艺术打破了同一时间、同一空间、同一地点的真实环境，新的时空观念必然突出了画面主观处理的重要性。我们看到超现实风格的时装画运用了这个观念，将没有任何联系的东西作"道具"，贯穿在时装人物的构图中，取得了很好的趣味性画面的效果。

（2）自然形象与艺术造型之间的联系与区别

现代艺术主张单纯化、几何化的简明结构，并由此走向抽象。这里首先提出来的是艺术造型本身的价值，就是作为特定的造型艺术语言及其规律作用于具体形象的要求不是客观的。这里包含着夸张、变形、提炼、升华，是形式的需要，时装画中的比例、形态、节奏的艺术处理正是为了强化这种感召力。

（3）色彩的感情力量表现

现代艺术完全打破了色彩的客观限制与束缚，大胆地创造了理想的色彩境界。比如野兽主义、表现主义对色彩的运用及大胆、奔放的笔触，表现了一种感情的宣泄和流露。在时装画中，画家们也借鉴了这种表现形式，加强了色彩本身的力量，运用简洁、平面的色彩语言突出了艺术表现力。

1.4.3 意象的表现形式

意象的表现形式是一种意识、一种精神，借助于笔墨之意，表达作者的情感、意志和内在气质，是作者对民族、社会、时代、自然深邃体察的总和。

意象的表现形式和"写意中国画"有很多相似之处，它们都以简洁的手法，概括地描绘时装人物的基本形态和神韵，其线条和色彩以十分精练的笔触抓住优美动人的一面，落笔大胆、迅疾，有着气韵生动的效果。同样强调意在笔先，意到笔未到，做到胸有成竹，然后一气呵成。也可以意在笔后，胸无成竹，就是在表现时先画出一个抽象的形态，再根据这一特殊效果来进行创作，细心收拾、处理，达到一种变幻莫测的艺术效果。

作为人的主观世界活动的"意"，其本身是不能直接"用笔"的，中国画以意使笔的要领，就在于以气使笔，以意领气，即所谓"意到气到"，"气到力到"。"意在笔先"就是

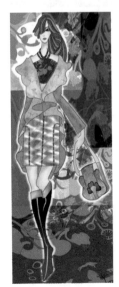

说画家在命笔落纸之前即已形成了立意构思，一旦笔行纸上，意在笔中，实际上已变为一种潜意识的活动，这时起作用的是由意而产生的气，在气的驱使下，画家可能"心意于笔，手忘于书，心手达情"，也会达至"不滞于手，不凝于心，不知然而然"的境界。

写意时装画要注意着力表现服装内在的神韵和气质，追求画面的节奏、韵律、气势之美，注意用笔的轻重缓急、抑扬顿挫、方圆粗细、干湿浓淡等手法，妙在虚与实、藏与露、具体与省略的技巧中，以达到清新、爽快的意趣，产生笔断意连的艺术境界。

写意时装画多见于报纸、杂志中的插画、流行介绍及设计师手稿中，如 WWD 工作的肯尼斯·保尔·布洛克（Kenneth Paul Block）等一批美国时装画家很擅长此类风格。日本的矢岛功、野岛矶及中国台湾的萧本龙等也是写意风格的代表画家。现代时装画家马茨（Mats）擅长用非常简练的手法，用寥寥数笔的线条或粉彩即可将服饰形象描绘得栩栩如生，是写意时装画的典型代表。如图 1-5 所示。

图1-5

在意象的表现形式里不得不提及的一个表现方法就是省略。省略的方法含蓄简洁，既形象强烈又突出重点，并能产生笔断意连、引人入胜的效果。运用省略法一定要熟练掌握人体结构、表情、基本动作。该省的不省，不该省的省去了，就失去了省略的意义。

2.1 CorelDRAW简介

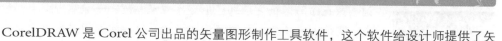

　　CorelDRAW 是 Corel 公司出品的矢量图形制作工具软件，这个软件给设计师提供了矢量动画、页面设计、网站制作、位图编辑和网页动画等多种功能。

　　CorelDRAW 图像软件是一套屡获殊荣的图形、图像编辑软件，它包含两个绘图应用程序：一个用于矢量图及页面设计；一个用于图像编辑。这套绘图软件组合带给用户强大的交互式功能，使用户可创作出多种富于动感的特殊效果及点阵图像即时效果。通过CorelDRAW 的全方位的设计使网页功能可以融合到用户现有的设计方案中，灵活性十足。

　　CorelDRAW 软件套装更为专业设计师及绘图爱好者提供简报、彩页、手册、产品包装、标识、网页及其他功能。CorelDRAW 提供的智慧型绘图工具以及新的动态向导可以充分降低用户的操控难度，允许用户更加容易、精确地创建物体的尺寸和位置，减少点击步骤，节省设计时间。

　　CorelDRAW 界面设计友好，操作精微细致。它提供了一整套的绘图工具，包括圆形、矩形、多边形、方格、螺旋线，并配合塑形工具对各种基本图形可以作出更多的变化，如圆角矩形、弧、扇形、星形等。同时也提供了特殊笔刷，如压力笔、书写笔、喷洒器等，以便充分地利用电脑处理信息量大、随机控制能力高的特点。

　　为便于设计需要，CorelDRAW 提供了一整套的图形精确定位和变形控制方案，给商标、标志等需要准确尺寸的设计带来极大的便利。

颜色是美术设计的视觉传达重点。CorelDRAW 的实色填充提供了各种模式的调色方案和专色的应用及渐变、位图、底纹的填充，颜色变化与操作方式更是别的软件都不能及的。而 CorelDRAW 的颜色匹配管理方案让显示、打印和印刷达到色彩的一致。

CorelDRAW 的文字处理与图像的输出输入构成了排版功能。其文字处理功能是迄今所有软件中最为优秀的，同时支持了大部分图像格式的输入与输出，几乎与其他软件可畅行无阻地交换共享文件。所以大部分用 PC 机作美术设计的设计者都直接在 CorelDRAW 中排版，然后分色输出。

CorelDRAW 让用户轻松应对创意图形设计项目。市场领先的文件兼容性以及高质量的内容可帮助用户将创意变为专业作品：从与众不同的徽标和标志，到引人注目的营销材料以及令人赏心悦目的 Web 图形，应有尽有。

2.2 启动与退出CorelDRAW X5

当安装好 CorelDRAW X5 后，用户就可以在 CorelDRAW X5 中开始自己的创作。下面一起来学习 CorelDRAW X5 的启动与退出方法。

（1）启动 CorelDRAW X5

完成 CorelDRAW X5 的安装后即可以运行该软件，执行"开始 > 所有程序 >CorelDRAW Graphics Suite X5>CorelDRAW X5" 命令后，即可以运行软件。

图2-1

第一次运行时，会弹出语言选择框让用户进行选择，一般情况下选择"中文（简体）"，并勾选下面的"Always use this language for me"复选框，使 CorelDRAW X5 每次都默认以"中文（简体）"语言模式启动，在启动 CorelDRAW X5 后会出现一个非常人性化、非常具有设计感的欢迎界面，如图 2-1、图 2-2 所示。

图2-2

（2）退出 CorelDRAW X5

执行菜单栏中的"文件 > 退出"命令或者单击窗口右上角的"关闭"按钮，就可以退出 CorelDRAW X5，如图 2-3 所示。

图2-3

2.3 CorelDRAW X5的操作界面

CorelDRAW X5 的操作界面主要由菜单栏、标准工具栏、工具箱、绘图页面和调色板等几部分组成。如果用户想要自由自在地发挥自己的创意，那就必须熟练地掌握各组成部分的基本名称和功能，如图 2-4 所示。

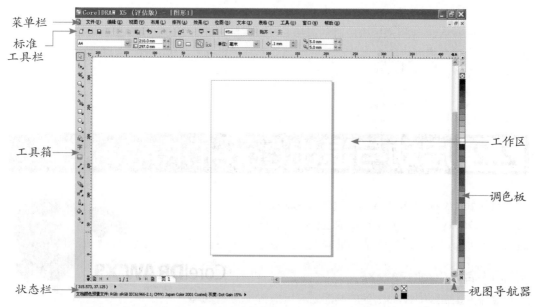

图2-4

其中，绘图页面称作操作区或者绘图区，是用于绘制图形的区域。操作区以外就是工作区。在绘制图形的过程中，可以将暂时不用的图形存放在工作区中，工作区有点类似于剪裁板的功能，如图 2-5 所示。

图2-5

2.4 CorelDRAW X5的操作工具

CorelDRAW X5 的操作工具如图 2-6 所示。

工具功能介绍如下。

（1）选取工具

选取工具：用于选择需要进行操作的具体对象。

（2）形状工具组

形状：用于编辑被选中对象的节点，并通过节点改变对象的形状。

涂抹笔刷：用于在矢量图形对象上任意涂抹，改变图形的形状。

粗糙笔刷：用于改变曲线的平衡度，制造粗糙的效果。

自由变换：用于对图形进行旋转、倾斜、镜像、按比例缩放等变换操作。

（3）裁剪工具组

裁剪：用于移除选定内容外的区域。

刻刀：用于将对象分割成多个部分。

橡皮擦：用于擦除对象内部的图形，被擦除的图形会自动形成闭合路径。

虚拟段删除：用于将已被分割的部分删除。

（4）缩放工具

缩放：用于放大或缩小图像页面或图形对象。

手形：用于移动图形显示页面。

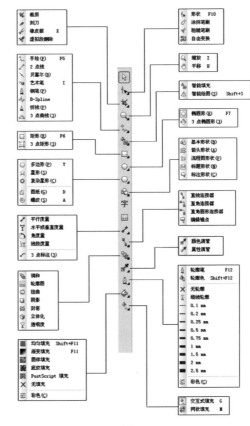

图2-6

（5）手绘工具组

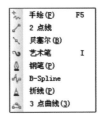

手绘：用于在绘图区中直接绘制直线和曲线。

2 点线：连接起点和终点绘制一条直线。

贝塞尔：用于精确地绘制直线和圆滑的曲线。

艺术笔：用于绘制具有艺术效果的线条或图案。

钢笔：用于一次绘制一条或几条多节点的曲线、直线和复合线。

B-Spline：通过设置不用分割成段来描绘曲线的控制点来绘制曲线。

折线：用于一次绘制一条或多条直线和曲线。

3 点曲线：用于快捷地绘制弧线。

（6）智能填充工具组

智能填充：用于将填充应用到任何封闭的目标之上。

智能绘图：用于将徒手绘制的草图转换成近似的形状或曲线。

（7）矩形工具组

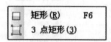

矩形：用于绘制矩形和正方形。

3 点矩形：用于绘制任意起始角度的矩形。

（8）椭圆形工具组

椭圆形：用于绘制椭圆形和圆形。

3 点椭圆形：用于绘制任意起始角度的椭圆形。

（9）多边形工具组

多边形：用于绘制多边形。

星形：用于提供各种星形的样式。

复杂星形：用于绘制各种复杂的星形图形。

图纸：用于绘制网格辅助精确排列对象。

螺纹：用于绘制对称式螺旋线和对数式螺旋线。

（10）基本形状工具组

基本形状：系统预置了多种图形样式，可以直接创建图形。

箭头形状：系统预置了多种箭头样式。

流程图形状：系统预置了多种流程图样式。

标题形状：系统预置了多种标题样式。

标注形状：系统预置了多种标注样式。

（11）文本工具

用于输入艺术体文本和段落文字。

（12）表格工具

用于绘制、选择和编辑表格。

（13）平行度量工具组

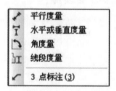

平行度量：用于绘制倾斜度量线。

水平或垂直度量：用于绘制水平或垂直度量线。

角度量：用于绘制角度量线。

线段度量：用于显示单条或多条线段上结束节点间的距离。

3 点标注：使用两段导航线绘制标注。

（14）直线连接器工具组

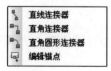

直线连接器：在两个对象之间画一条直线连接两者。

直角连接器：用于画一个直角连接两个对象。

直角圆形连接器：用于画一个角为圆形的直角连接两个对象。

编辑描点：用于修改对象的连接描点。

（15）调和工具组

调和：用于使矢量图形直接生成形状、颜色轮廓和尺寸的平滑变化。

轮廓图：通过过渡对象创建轮廓渐变效果。

扭曲：用于改变图形对象的外观。

阴影：用于创建阴影效果。

封套：用于创建图形对象的封套效果。

立体化：用于很方便地创建矢量图及位图的立体化效果。

透明度：用于给对象添加均匀、渐变、图案、材质等透明效果。

（16）颜色滴管工具组

颜色滴管：用于吸取页面上任意图形的颜色。

属性滴管：用于复制对象属性，如填充、轮廓、大小和效果。

（17）轮廓笔工具组

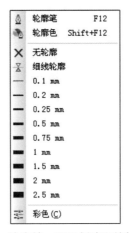

轮廓笔：用于创建和编辑图形对象的轮廓。

轮廓色：用于设定轮廓的颜色。

无轮廓：用于去掉已有的轮廓线。

细线轮廓：用于为对象添加细线轮廓。

0.1mm：用于为对象添加0.1mm轮廓。

0.2mm：用于为对象添加0.2mm轮廓。

0.25mm：用于为对象添加0.25mm轮廓。

0.5mm：用于为对象添加0.5mm轮廓。

0.75mm：用于为对象添加0.75mm轮廓。

1mm：用于为对象添加1mm轮廓。

1.5mm：用于为对象添加1.5mm轮廓。

2mm：用于为对象添加2mm轮廓。

2.5mm：用于为对象添加2.5mm轮廓。

彩色：用于调出"颜色"泊坞窗来改变轮廓颜色。

（18）填充工具组

均匀填充：用于对图形对象进行各种纯色彩的填充。

渐变填充：用于对图形对象进行各种渐变颜色填充。

图样填充：用于对图形对象进行各种图像的填充。

底纹填充：用于对图形对象进行各种材质的填充。

PostScript 填充：用于在图形对象中添加半色调挂网效果。

无填充：用于去掉已经进行的颜色填充。

彩色：用于调出"颜色"泊坞窗来改变填充颜色。

（19）交互式填充工具组

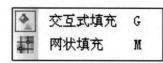

交互式填充：用于在图形对象中添加各种类型的填充。

网状填充：用于创建网状填充效果，同时也可以在每个网点上填充不同的颜色并改变颜色填充的方向。

2.5 CorelDRAW的使用技巧

（1）快速拷贝色彩和属性

在 CorelDRAW 软件中，给其群组中的单个对象着色的最快捷的方法是把屏幕调色板上的颜色直接拖拉到对象上。同样的道理，拷贝属性到群组中的单个对象的捷径是在用户拖拉对象时按住鼠标右键，而此对象的属性正是用户想要拷到目标对象中去的。当用户释放鼠标时，程序会弹出一个右键显示菜单，在菜单中用户可以选择自己想要拷贝的属性命令。

（2）让渐变效果更平滑

渐变效果是图像制作过程中常用的一种效果，如何把这种效果的渐变层次处理得更平滑、更自然一点，就显得非常重要了。在 CorelDRAW 中，获得平滑的中间形状的最好方法是以渐变控制物件作为开始，此渐变控制物件使用相同节点数量，并且是在相同的绘图顺序（顺时针或者逆时针方向）下建立的。这样做的话，需要通过修改第一个物件的拷贝来建立第二个物件。在第一个物件被选择后，在键盘上按 <Ctrl+C> 键来复制它。把复制件放在一边，选择形状工具，并且开始重新安排节点。如果您需要在这儿或那儿添加额外的节点来制造第二个物件（在 CorelDRAW 中，您能在曲线上双击以添加节点），请同时在第一物件中添加相对应的节点。如果您的形状有许多节点，可以放置一个临时性如圆圈一样的标识器在第一物件中邻近节点的地方，同时也放置另一个标识器在第二物件中邻近对应节点的地方。

（3）自由擦除线条

在 CorelDRAW 中，可以使用其中的手绘铅笔工具进行任意地"发挥"，不过，一旦发挥过头，不小心把线条画歪了或画错了，该怎么处理呢？也许，您会想到将线条删除或者做几次撤销工作，其实还有一种更灵活的方法就是按下 <Shift> 键，然后进行反向擦除就可以了。

（4）让尺规回归自由

一般来说，CorelDRAW 使用尺规时，都是在指定的位置，但有时在处理图像时，使用尺规是随时的，使用位置也是随意的，那么该如何让尺规按照我们的要求变得更"自由"一些呢？操作方法还是比较简单的，只要在尺规上按住 <Shift> 键以鼠标拖移，就可以将尺规移动。如果您想将尺规放回原位，则只要在尺规上按住 <Shift> 键迅速按鼠标键两下，就会立即归位。

（5）快速输出结果

有人说，输出结果不就是单击一下"打印"按钮就可以了吗，但其输出速度是不由人控制的。这话没错，不过在使用 CorelDRAW 制作图像时，在打印输出之前最好先检查一下页面，在非打印区的页面上是否存放了很多暂存的物件，这些物件在打印输出时，虽然没有实际被打印出来，但依旧会被计算处理，这样计算机就要多花时间来处理，为此我们只要删除掉这些暂存的物件，就能大大提高输出的速度了。

（6）缩放旋转同时做

按理说，我们每执行一个命令，程序就应该做一个相应的动作，然而在 CorelDRAW 中，我们只要在按住 <Shift> 键的同时，拖拉对象的旋转把手，就可以让对象的旋转与缩放动作一起完成；如果是按住 <Alt> 键的话，就可以实现同时旋转与变形倾斜物件的效果。

（7）驱除图上的麻点

在扫描或处理图像时，由于工作上的原因或者其他方面的因素，无意中在图像加进一些噪音或者是麻点，虽然这些缺陷不影响整幅图像的效果，但如果您是一位完美主义者，一定要将这些麻点"请走"，该怎么办呢？解决的办法是将该图转成位图，一次不行可再做一次，亦可转存到 CorelDRAW8.0 中输出。

（8）给对象改变色调和添加浓淡不同的颜色

CorelDRAW 程序有着强大的调色功能，利用其内置的调色板，我们可以很轻松地给对象改变色调和添加浓淡不同的颜色，其详细的工作步骤如下。

1）在主工作窗口中，用鼠标单击工具箱中的选取工具来选择需要改变色调的对象。

2）选中需要的对象后，我们就可以按住键盘上的 <Ctrl> 键，同时用鼠标单击调色板上的需要的颜色，选择的颜色要求与原来填充的颜色不相同。

3）重复第 2 步的工作方法可以加深对象颜色的色调。

4）如果要给对象添加浓淡不同的颜色，首先按住键盘上的 <Ctrl> 键，同时用鼠标单击调色板的颜色，并且按住鼠标不放。

5）如果要改变对象框架或路径的颜色浓淡，可以按住 <Ctrl> 键，同时用鼠标右键单击调色板中需要的颜色，就可以改变框架和路径的颜色浓淡。

2.6 CorelDRAW X5的新增功能

（1）CorelDRAW X5 启动界面

CorelDRAW X5 的启动界面较 X4 新增了几个彩色气球。快捷方式与 X4 一样，如图 2-7 所示。

图2-7

（2）文件的新建

新建文件的设置更为详细，如图2-8所示。

图2-8

（3）新增和改进的工具

1）新增2点线和B-Spline工具。将鼠标放在该工具上面会显示当前工具的作用，这个功能在X5里面改进的非常好，又进一步方便了初学者快速掌握CorelDRAW X5，如图2-9所示。

图2-9

2）在X5里面将X4中的连接工具和度量工具分别提取了出来，做成了2组单独

的工具，并且功能更加完善。度量工具如图2-10所示，连接工具如图2-11所示。

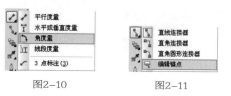

图2-10　　　　　　图2-11

（4）关于"转换"泊坞窗

[转换]泊坞窗中新增了复制份数功能如图2-12所示。

图2-12

（5）关于"矩形"工具

将后台泊坞窗的功能提取到了前台，制作倒角、圆角和切角效果变得更为快捷，如图2-13所示。

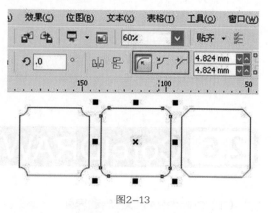

图2-13

（6）"视图"菜单

[视图]菜单中新增了【像素】命令，如图2-14所示。

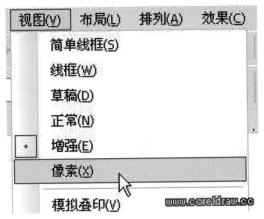

图2-14

（7）"布局"菜单

X4 中原来的"版面"菜单名称，在 X5 里面更改为"布局"，如图 2-15 所示。

图2-15

（8）"均匀填充"对话框

均匀填充对话框中新增了"十六进制"颜色模式，大大方便了网页设计应用，如图 2-16 所示。

图2-16

（9）新增"颜色滴管工具"和强大的文档调色板

将吸管工具放置在图像上面，会自动显示当前图像的颜色信息值。如果是 RGB 图像，还会显示出网页色值；如果是 CMYK 图像，则会显示 CMYK 值。吸取颜色后，会自动切换到颜料桶工具，对目标对象进行颜色填充，填充后的颜色会自动保存到"文档调色板"色盘中，如图 2-17 所示。

图2-17

"颜色滴管工具"如图 2-18 所示。

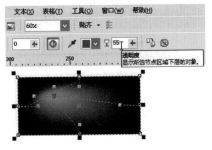

图2-18

只要大家用心留意，就会发现在"均匀填充"、"渐变填充"、"轮廓笔"对话框中都有这个超级强大的颜色滴管，它可以吸取任意颜色，包括桌面颜色、文件夹颜色、网页颜色等，这个功能可以大大提高工作效率，让您在颜色选取上更为便捷。

（10）"网状填充工具"新增"透明度"设置选项

新增功能如图 2-19 所示。

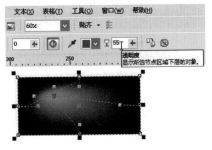

图2-19

（11）革命性的改进：颜色系统

CorelDRAW 中千呼万唤的颜色问题终于在 X5 得到了终结。X5 中全新的颜色系统可以和 Photoshop、Illustrator 等 Adobe 程序的颜色保持一致了，颜色系统的设置也与以往版本有了很大的改进，如图 2-20 所示。

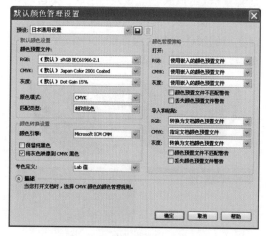

图2-20

（12）导入或打开 Adobe Illustrator 文件

CorelDRAW X5 可以让您直接打开或导入使用 Illustrator 创建的矢量图形。

（13）支持 html 页面导出

有了这项功能，在 CorelDRAW X5 中也可以制作网页了，字体会在导出后的网页中自动渲染为网页显示字体。使用 CorelDRAW X5 导出的 html 文件如图 2-21 所示。

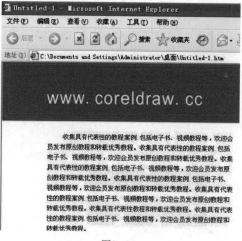

图2-21

（14）文件的保存

在 X5 里面，保存的时候不再会出现进度条，执行【保存】命令后，保存任务会到后台进行，而且不影响当前操作，保存速度也很快，如图 2-22 所示。

图2-22

（15）其他细节改进

1）属性栏和工具栏等可以锁定在工作区，避免错位现象发生，也可以进行自定义，如图 2-23 所示。

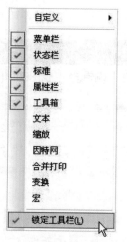

图2-23

2）鼠标放在调色板任意颜色上面，会显示当前颜色色值，如图 2-24 所示。

图2-24

2.7 文件的基础操作

(1)创建文件

执行菜单栏中的"文件 > 新建"命令(Ctrl+N),打开"创建新文档"对话框,设置文件属性并单击"确定"按钮,新建一个空白文件,如图 2-25 所示。

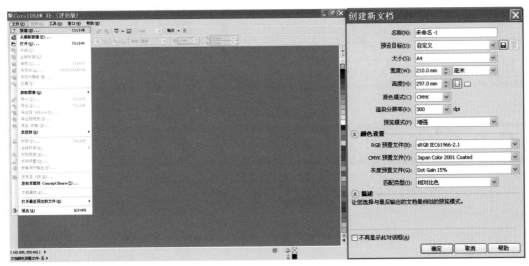

图2-25

(2)打开"打开绘图"对话框

执行菜单栏中的"文件 > 打开"命令(Ctrl+O),打开"打开绘图"对话框。

图2-26

(3)保存文件

执行菜单栏中的"文件 > 保存"命令(Ctrl+S),打开"保存绘图"对话框,在"保存在"下拉列表中选择保存的路径,在"文件名"文本框中输入要保存的文件名,单击"保存"按钮即可。

图 2-27

2.8 绘图辅助功能设置

在编辑图像的时候，要对图像的位置、大小进行精确定位，就需要用到一些辅助性的工具来对整个图像进行一个准确的控制，使图像达到高质量的效果。

在用户进行学习和工作时，为了使图像更加精美以及整个画面更加精致，需要对图像的大小、位置和整体比例进行精确的控制。在 CorelDRAW X5 中可以借助标尺、网格、辅助线等辅助工具对图形进行精确的定位，而在打印输出的时候，所设置的标尺、网格、辅助线不会被打印出来，大大方便了操作。

（1）设置标尺

1）如果当前标尺是不显示的，可以执行菜单栏中的"视图 > 标尺"命令，显示标尺，如图 2-28 所示。

2）执行菜单栏中的"工具 > 选项"命令（Ctrl+J），打开"选项"对话框。

3）在"选项"对话框中展开"文档 > 标尺"选项，在打开的"标尺"面板中，可对标尺的单位、原点以及其他一些属性进行适当的设置，如图 2-28 所示。

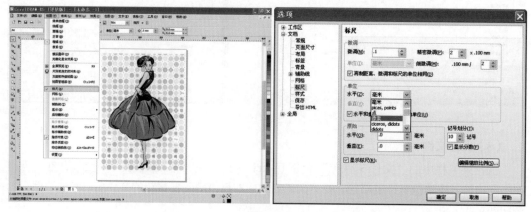

图 2-28

CorelDRAW 服装设计完美表现技法

18

（2）设置网格

1）执行菜单栏中的"视图 > 网格"命令，显示网格，如图 2-29 所示。

2）执行菜单栏中的"工具 > 选项"命令（Ctrl+J），打开"选项"对话框。

3）在"选项"对话框中展开"文档 > 网格"选项，在打开的"网格"面板中，可对网格的频率、间距以及其他一些属性进行适当的设置，如图 2-29 所示。

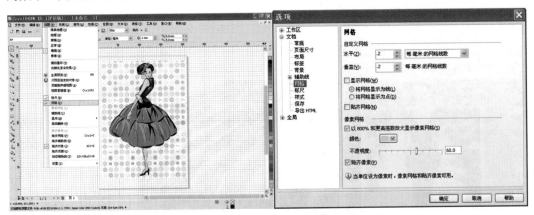

图2-29

（3）设置辅助线

辅助线也叫导线，在 CorelDRAW X5 中，辅助线和标尺的配合将是最强的辅助工具之一，在绘图区中调节辅助线水平、垂直、倾斜方向可以帮助用户对齐所绘制的对象，如图 2-30 所示。

1）执行菜单栏中的"视图 > 辅助线"命令，显示辅助线。

2）在水平标尺或垂直标尺上按住鼠标左键，拖曳出水平或垂直的辅助线，并且可以任意调整它们的角度，使其成为斜向辅助线。

3）执行菜单栏中的"工具 > 选项"命令（Ctrl+J），打开"选项"对话框。

4）在"选项"对话框中展开"文档 > 辅助线"选项，在打开的"辅助线"面板中，可对辅助线的颜色、显示、对齐等属性进行适当的设置。

5）在"辅助线"子选项中，可以对水平、垂直等辅助线进行管理。

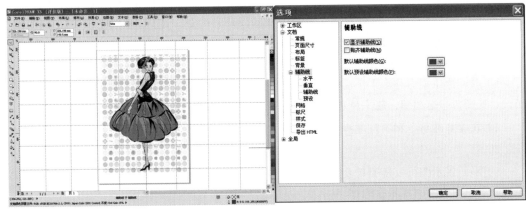

图2-30

Chapter 3 服装平面款式设计

3.1 服装平面款式图设计的基础知识

（1）了解平面展示图

平面展示图体现服装的生产价值，它们是规格图和服装款式设计的基础。绘制平面展示图是为了定义形状、大小、结构，有时还有面料——它的成分、垂感或体积。

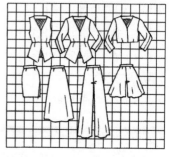

图3-1

相比穿在人物模型身上、设置了造型以获得生动效果和风格的同一件衣服而言，规范的平面展示图显得更真实、更准确。平面展示图说明了这件衣服是怎么做成的以及它的穿着方式。下面这个示例展示了如何让平面展示图表达想说的话以及如何来说，如图 3-1 所示。

1）在网格（或方格纸）上面绘制的平面展示图能突出衣服的对称性。从左侧到右侧的细节设计变得越来越简单、越来越准确。这还有助于通过袖子的折叠强调手臂后面的结构。

2）衣服穿在身上和不穿在身上有很大区别，有时可能需要使用两类平面展示图来显示这种区别。

3）平面展示图可以是简单真实的，或者可以更进一步，表现出将衣服挂在衣架上时的样子，显示出衣服前面或后面的细节。

4）有时您需要绘制侧面平面展示图来说明那些无法在正面或背面展示图中显示的摆缝结构。

（2）工具介绍

纸张：多种多样的纸张让人眼花缭乱，不知如何选择，一定要仔细阅读纸簿的封面说明，了解它是什么类型的纸。大多数素描纸根据不同表面分为两种：一种是"牛皮纸"，它比较粗糙；另一种是"凹版EDBU纸"，它比较光滑。这两种纸的性能是不一样的，所以每种纸都要尝试，看哪种更适合您。使用光滑的纸画图比较快，而且很适合与钢笔搭配使用。比较粗糙的纸画起来就慢一点，它的表面更适合用铅笔来画。马克纸根据其透明度、白皙度和实用性也分很多种。您至少需要尝试两种不同品牌的纸，在上面测试马克笔。一定要记住使用纸张的正面，因为它的反面可能具有不同的性能。水彩纸有一叠一叠的，也有单独一张一张的。如果是用

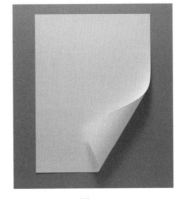

图3-2

在时装设计中，那种表面带一点鹅卵石花纹的水彩纸则较好（不要非常粗糙的）。粗糙的纸太"渴"了（吸水性强），需要很长时间才能画上，如图3-2所示。

描图纸：与其他纸一样，每个纸业公司都会生产自己独一无二的描图纸。有些描图纸要比其他描图纸更透明，而且它们的厚度也可能各不相同。有些描图纸非常光滑，适用于所有工具；有些则质量不够高，不能广泛使用。大部分描图纸都用于作品的封面，或是用于总体规划的初步测试。除了其透明度外，所有描图纸的用途都很局限。描图纸便于修改，利于覆盖在草图上进行描摹，如图3-3所示。

图3-3

石墨铅笔／Ebony铅笔：石墨铅笔看起来就像木头裹着的普通书写铅笔；Ebony铅笔可以是一根铅芯，外加一个塑料套。区别在于这些绘图铅笔的笔芯各不相同：从较硬的H到较软的B。您需要测试这些铅笔芯，看看H铅笔的颜色有多浅，B铅笔的颜色有多深。不过所有这些铅笔芯都很脆弱。如果铅笔被摔，木头套里面的铅笔芯可能会被震坏，铅笔就很难削，因为铅笔芯可能一直断到头了。市面上还有自动铅笔，您可以在里面装上铅芯，这些铅芯需要单独购买。同样地，这些铅芯也分为H（硬）和B（软）型号，如图3-4所示。

图3-4

彩色铅笔：您需要3种类型的彩色铅笔：硬芯、软芯和水彩。一般而言，铅笔中的铅芯越粗，这支铅笔就越软，画出的颜色也越深。较硬的铅芯可用来画比较清晰的线条。水彩铅笔介于两者之间。您需要学习如何控制各种类型的铅笔，因为它们在渲染过程中的作用不同，如图3-5所示。

图3-5

钢笔：钢笔和马克笔一样，有各种类型的笔尖，有细笔尖、凿刻过的笔尖、宽笔尖和中等笔尖。有些钢笔是毡制笔尖，有些是金属或塑料笔尖。有人把它们叫做防水笔或耐用笔，这就是说，在使用它们绘画时，它们不会扩散也不会渗透。仔细挑选，一定要测试钢笔有哪些限制，如图3-6所示。

图3-6

百丽笔（软笔）：有些笔的笔尖非常像刷子，用于绘画的刷子，叫做百丽笔或软笔。一些百丽笔有不同宽度的笔尖，相当于2号或7号刷子。除了黑色的百丽笔，还有彩色的百丽笔。测试一下黑色的百丽笔，其中有一些略带红色，有一些则比纯黑色更灰一点，如图3-7所示。

图3-7

马克笔：制造马克笔的厂家有很多，这些厂家使用不同的化学品作为颜料。要在购买前测试马克笔，确保它没有变干，并看看它是否适合与其他品牌的马克笔混合使用。大多数马克笔都可以混合使用。您可以选择能填充各种填充液的马克笔，还可以选择不同笔尖、不同颜色的马克笔。一定要记得在用完马克笔后盖紧盖子，同时将它们放在小孩够不着的地方，如图3-8所示。

图3-8

纸卷记号笔：纸卷记号笔是铅笔形状的蜡笔，把它外面包裹的纸撕开即露出了笔头。白色的纸卷记号笔常用于厚重的渲染，强调那些容易在层次中丢失的细节，如图3-9所示。

图3-9

水性颜料：树胶水彩和水彩都要与水混合后才能使用，树胶水彩是不透明的，水彩是透明的，这些颜料用于创建水彩画。这两种颜料都要体验一下，看看哪一种适合您。从密集着色到精细的单一着色，使用这些颜料可创造出无穷多种可能性。慢慢练习调合水和颜料的比例，注意不要弄出泡沫。尽管树胶水彩和水彩颜料非常不同，但是它们可以在渲染时同时使用。还可以使用墨水。墨水是更明亮的颜色，可以与水彩很好地搭配使用，如图3-10所示。

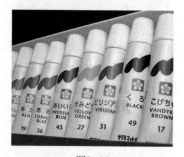

图3-10

毛笔：毛笔有各种型号，大约从0号直到12号。除了笔尖（可以是尖的，也可以是扁的）大小不同，笔毛也多种多样。一些画笔是使用自然的动物毛发做成的，这样的毛笔一般是最好的，它们就算用很久也不会褪色或掉毛。挑选一支笔杆弹性正好能满足您需要的毛笔。如果您买了一支上等毛笔，记得一定要小心翼翼地对待它。每次使用完后清洁它，然后将木杆头朝下立着，或者将它一端平放着，以免弄弯笔头，如图3-11所示。

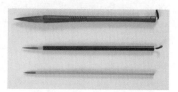

图3-11

3.2 服装款式图的概念

　　服装是一种"物"，一种在人体上使用的"物"，是人在着装以后呈现的一种状态，是"人"和"物"相互结合以后形成的一种整体状态，这种整体状态的美是由"物"的外在形象美和"人"的内在美统一和谐构成的。"物"的外在形象是指运用一定的物质材料塑造出来的、可视的平面或立体的造型特征，并反映着一定的文化内涵。服装款式就是服装外在形象的一部分。

　　在服装设计的四大要素中，款式设计是服装设计过程中一个重要的设计过程，是服装由视觉二度空间到视觉三度空间的变化历程，具有多面造型的特点。服装的款式设计，也称服装造型设计，是表达服装的形象语言，是摒弃了服装色彩和服装面料的特点来构成有美感的服装形象，是以人体为基础，运用不同的构成手法和结构组合进行服装的塑造，并对人体产生美的效果。

3.3 服装款式图的表现方法

（1）外轮廓设计

　　外廓型亦称轮廓或侧影。外廓型是指物体的外周或图形的外框及边缘，是物与体接触时最外围的界线，是物与体平面轮廓与立体体形的轮廓线，也就是轮廓或侧影。外廓型是服装变化的关键，是设计的灵魂。外廓型的变化最能反映时代的特点、流行的风格，是服装变化的依据之一，这也说明外廓型服装款式是何等的重要。同时，优美恰当的服装外廓型不但能引起人的注意、造就服装风格、烘托服装气氛，还应当有助于人体活动、呵护人体健康、展示人体美、弥补人体缺陷和不足、显露着装者的个性，增加其自信心。

　　1）H 形外廓型

　　H 形外廓型，也称矩形、箱型或者直筒型。以不夸张肩部、不收紧腰部、不扩张下摆，形成相似直筒的外形，形似字母 H。这种廓型主要运用直线构成肩、胸、腰、臀和下摆的服装廓型，由于廓型线条直而不贴身，所以没有明显的曲线，能掩饰体形的缺陷，因此在男女套装、大衣和裤装中常被采用。

图3-12　　　　　　　　　　图3-13

　　H 形外廓型在第一次世界大战后的 1925 年流行过，在西洋服装史上曾被象征为新女性的诞生。1957 年法国时装设计师巴伦夏加再次推出。因造型细长、强调直线、有宽松感而被称为"布袋"样式，1958 年再度流行于世。H 形的表现方法是从肩端直线适下，没有明显曲线，宽松结构，如图 3-12、图 3-13 所示。

　　2）A 形外廓型

　　A 形外廓型，也称正三角形。A 形具有活泼、潇洒、富有青春活力的性格特点，这种廓型是通过修窄肩部使上衣合体，同时夸张下摆，构成上窄下宽的服装廓型。此廓型线条改变了 H 形的直线条形式，更多地运用了曲线，因而也更受女性特别是年轻女性的欢迎，而被广泛运用于大衣、连衣裙等服装中，如图 3-14 所示。

这种廓型在 1947 年迪奥的高级时装展上被推出，命名为"新风貌"。该时装具有鲜明的风格：裙长不再曳地，强调女性隆胸丰臀、腰肢纤细、肩形柔美的曲线，打破了战后女装保守古板的线条。

A 形的表现方法是上窄下宽，包括肩部开散的帐篷形、育克开散的正梯形、腰部开散的钟形、臀下开散的喇叭形等形状。

图3-14

3）T 形外廓型

T 形外廓型，也称倒梯形、倒三角形，其特点是夸张肩部，收敛下摆，形成上宽下窄的效果，是具有男性体态特征的外形，形似字母 T。这种廓型是通过夸大肩部和袖山，缩小臀部和下摆构成服装的廓型。T 形线条由于对肩部的夸张，使整个线条充满精干、洒脱的气质，具有很强的男性风格特征。

这种廓型的服装在 1980 年，因阿玛尼的"权力套装"问世，而再次风靡世界。"权力套装"的设计灵感来自于黄金时期的好莱坞，特点是宽肩和大翻领，并透露着些许男性威严，如图 3-15 所示。

T 形的表现方法是上宽下窄，强调和扩张肩部和袖山的设计，臀部包紧，下摆收拢。

图3-15

4）X 形外廓型

X 形外廓型是根据女性体形的自然曲线所形成的，以稍宽的肩部、紧收的腰部、自然的臀部形成优美曲线，因而成为女性服装的基本形，是自然美的造型风格。这种廓型易于突出女性窈窕的身材，优美、典雅，因此在礼服设计中常被采用。

这种廓型是欧洲文艺复兴时期的产物，它的侧面投影是 S 型，强调丰胸、收腰、翘臀，体现女性的曲线美，具有优雅、柔美的风格特征。迪奥在 20 世 50 年代推出的"郁金香造型"最具这种廓型的特征。

X 形的表现方法是两端大、中间窄，包括上贴下散形、苗条形、漏斗形等形状，如图 3-16 所示。

图3-16

5）O 形外廓型

O 形外廓型，又称椭圆形，一般在肩、腰、下摆等处无明显的棱角和大幅度的变化。夹克衫、运动衫、T 恤衫、休闲类服装等常采用这种外型线。这种廓型是根据胖体形的人体特征转变过来的，因此无明显的棱角，廓型宽松、柔和、舒适。

O 形的表现方法是中部宽松，上下两头收口，短款造型似球形，长款造型似鸭蛋形，常采用网形插肩袖，以强调肩部及下摆的曲线，如图 3-17 所示。

（2）服装内结构设计

服装内结构设计是指在保持服装基本外型特点的基础上，通过服装内部结构的变化来进行服装款式变化的服装设计，是服装内部款式的营造。服装内结构设计是完善服装整体形象的关键过程，通过对服装内部的修饰和调整，使服装整体形象更接近最初的设计意图。

（3）服装内结构设计的方法

图3-17

服装内结构设计方法是以人体为基础，从造型规律出发，去解构、组合服装的设计方法，主要有以下几种。

1）运用服装的基本结构分割服装

分割自身具有认识新空间和运用新空间的价值，恰当地分割可以更好地实现结合与重组。通过分割可以使服装作品有更新、更完美的利用空间。在服装结构设计中，线的各种分割起到承上启下的作用。分割属于服装结构中的一种，它是一种服装造型的手段，衣料衣片可分，要分得有目的；亦可合，要合得有道理。表现在服装上，它可以是具体地将面料真正地分割开来，经过必要的加工处理后重新缝合的分割；也可以是抽象的，不存在于服装材料自身中，而是通过其他高新手段来达到具有可移动的光影装饰效果，使服装在视觉上形成分割，是一种"分而不离、割而不断"的装饰分割。分割不仅具有实用性能，更重要的是它对整套服装具有不可忽视的装饰作用。在进行服装设计时，不同的分割可以调整从服装局部到整体的重新创造，是表达服装形式的一种方法，如图 3-18 所示。

2）同形异构法

同形异构法是指在同一种外形内进行不同的内部构成，从而使其产生不同的服装形象效果。运用此种方法设计时，要充分把握服装外形的特征，其内部处理要合理、有序，使其内外在造型风格上协调一致，如图 3-19 所示。

3）工艺手法处理

服装的加工工艺是多种多样的，此方法就是利用服装制作过程中的各种工艺形式来体现服装内部的变化，处理手法有：普通的缝合明线迹；在缝合处用另一种材质连接；反缝形式即缝份外露；软缝合，即用花式机缝合，缝合处是空心的、活动的；其他方法如抽褶、刺绣、扎染、手绘等。

图3-18

图3-19

4）零部件组合法

在服装设计中，零部件有着一定的内涵表现，它不仅具有自身的形态和表现语言，而且还起到丰富服装整体的作用，零部件组合法就是利用零部件自身的形态特点来进行服装内部的变化设计，如领的重叠、口袋的重叠、大小口袋的组合等。

3.4 服装平面款式的局部设计与绘制

服装部件设计与服装外廓型的关系

服装的部件设计包括领、袖以及门袋、门襟的设计等。衣领是服装上至关重要的一个部分，它不仅有功能性，而且具有装饰情趣。领构成因素主要有：领线形状、领座高低、翻折线的形态、领轮廓线的形状及领尖修饰等。领型是最富于变化的一个部件，主要有立领、褶锁、平领和驳领四种类型。肩袖造型也是极其丰富的，其造型包括袖窿与袖子两个部分，常见的袖型有插肩袖、装袖和连裁袖三类。领和袖的设计都要符合服装的整体形态及人的气质特征。服装结构中零部件设计主要包括口袋设计、纽扣设计、装饰设计等。服装的外轮廓剪影可归纳成 A、H、X、Y 四个基本型。在基本型基础上稍作变化修饰又可产生出多种变化造型来。以 A 型为基础能变化帐篷线、喇叭线等造型，对 H、Y、X 型进行修饰也能产生富于情趣的轮廓型。在服装整体设计中造型设计属于首要地位。在设计的过程中，不能忽略总形的变化，而仅在局部的部件上做文章，如在领子、袖子等部位进行变化。因为只有总体形的变化，才是真正的变化，在总体形上进行变化，才能使服装款式有明显的突破。服装的各个部件的设计，都是为了服装轮廓型的变化设计。但服装的部件也是服装设计的亮点之一，只有在确定服装的外轮廓型之后，合理地进行各个部件的设计，才是精品之作。

3.5 领子

在人们的生活中，人们观察对方时，往往首先注意人的脸，而衣服的领部最接近人的脸，对脸部起到一个衬托的作用，也是人们欣赏服装的起眼点。所以，领子在服装中的变化最多，足见领子的重要性。领子是在上衣各局部的变化中起主导作用的，因此，领子的设计常常是上衣设计的重点，领子的造型与服装的整体风格一致。领子的造型要从领线开始，首先确定其领线型，并设计领型。

领线型：领线的设计应参考人的脸形，脖子的长短、粗细会影响到领子的变化，领线大多有：基本形、船形、v 形、四方形等，如图 3-20 所示。

领型：领子的形状、大小、高低、翻折的不同，成就了各具特色服装的款式，甚至还引导一种时尚。领型依其结构可分为无领、立领和翻领。无领，亦称领围，以头部和领圈形状为依据，指的是只有领线，没有领面的种种领型；立领，是以颈部为依据；翻领，包括坦领、翻折领和翻驳领。坦领是以前后衣片为依据；翻折领是以领而向外翻折的领；翻驳领是以颈部和衣片为依据，驳领是领面和驳头一起向外翻摊的领，能给人开阔干练的审美感。驳领的领头和领面的折线将决定驳领的深度，而驳头和领面的轮廓线决定驳领的造型。设计时要注意处理好领面与驳头之间的比例关系。驳领的领面造型一般变化不大，可以运用嵌边或包边工艺去装饰它。翻领的形态变化十分灵活，可以运用的装饰手法也很多，因此能产生的审美效果也非常丰富。此外，还有花式领，是以款式变化为依据的。

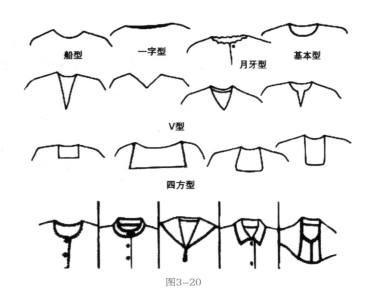

图3-20

　　领型中的无领、立领、翻领，在设计款式时可以综合运用，它们之间没有明确的界限，可以是前无领后翻领，也可以是后立领前翻领，还可以是前翻领后无领。总之，领型的变化在服装款式中是最多的，也是比较重要的，是服装款式变化的重点，如图 3-21~ 图 3-25 所示。

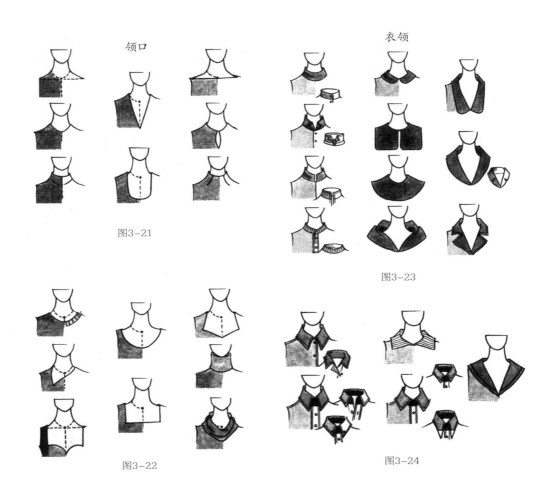

领口

衣领

图3-21

图3-22

图3-23

图3-24

Chapter3　服装平面款式设计

翻领

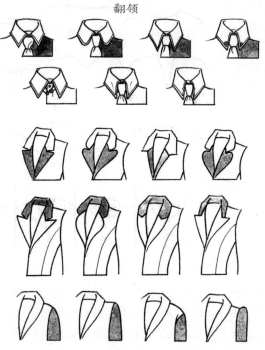

图3-25

3.6 袖子

袖子

在服装的款式设计中，袖子扮演着重要的角色，很多服装都是通过袖子的变化而流行的。常见的袖子有插肩袖、长袖、短袖、中袖、泡泡袖、灯笼袖等。袖子的变化可以影响到服装整体外轮廓的造型，也能够突出服装的风格样式。袖子的设计在于袖口的大小变化、宽窄变化和口形变化，以及袖笼的大小和袖山的高低等。

插肩袖的特点在于袖子本身包含肩部，在女装中经常会使用，但是这种造型的袖子并不适合于男装，因为它不能突出男装的刚毅与宽阔。长袖、中袖、短袖在服装中是经常运用到的，中袖和短袖相对比较简单，重点在长袖，长袖服装根据服装的类型不同，其设计点也不同。如西服的袖子是有弧度的，向前弯曲，而其他多数服装袖子要求笔直。泡泡袖和灯笼袖是近年来较为流行的袖子造型，泡泡袖设计于肩部，突出肩部的造型，伴有抽褶；灯笼袖设计于手肘以下，袖口较大，略为夸张，常用于女装，如图3-26和图3-27所示。

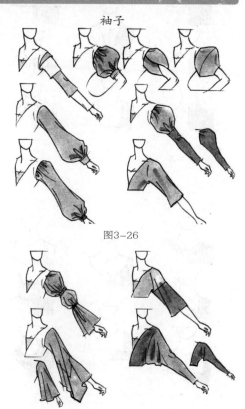

图3-26

图3-27

3.7 口袋

(1) 口袋的特点

口袋的设计多种多样，其设计要点在于，方便使用，具有实用功能的口袋一般都是用来放置小件物品的，因此，口袋的朝向、位置和大小都要适合于操作并与整体协调；后袋的大小和位置都可能与服装的相应位置产生对比关系，因此，设计口袋的大小和位置时要注意与服装相应部位的大小和位置相协调。口袋的装饰手法也很多，在对口袋进行装饰设计时，也要注意采用的装饰手法要与整体风格相协调。另外，口袋的设计还要结合服装的功能要求和材料特征一起考虑。一般情况下，表演服、专业运动服，以及用柔软、透明材料制作的服装无需设计口袋；而制服、旅游服，或用粗厚布料制作的服装则可设计口袋以增强它们的功能性和美感，如图 3-28 所示。

(2) 口袋的分类

根据口袋的结构特征，口袋可以分为贴袋、挖袋和插袋三种类型。不同类型的口袋设计方法和表现方法也会有较大的不同。贴袋的贴缝在服装的表面，是所有口袋中造型变化最丰富的一类。设计贴袋除了要注意准确地把握贴袋在服装中的位置和基本形状以外，还要注意贴袋的缝制工艺和装饰工艺。

(3) 口袋的设计步骤

①设计贴袋的一般步骤是：先确定外框、外形，再确定内部款式，标出明线，最后确定轮廓。

②挖袋的袋口开在服装的表面，而袋却剪在服装的里层。服装表面的袋口可以显露，也可用袋盖掩饰。挖袋的造型变化比贴袋简单，重点在对袋口或袋盖的装饰。因此，设计挖袋主要是设计挖袋袋口或袋盖在服装中的位置、基本形态以及缝制和装饰袋口、袋盖。设计挖袋的一般步骤是：先确定挖袋袋口的形状与大小，然后确定袋口的缝纫的线迹，最后确定挖袋底布的形状和大小。

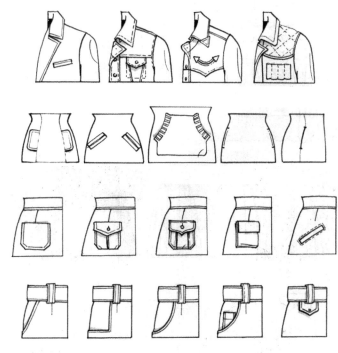

图3-28

另外，在口袋设计中常用到袋盖，应注意袋盖盖形的变化。服装的口袋要根据服装的功能需要进行设计，如专用口袋、工具袋、表袋、防盗袋、装饰假袋等。有部分服装没有设计口袋，这是把口袋的功能转移到手提袋或腰包等处。总之，口袋的变化要随着功能和美的要求进行设计变化。

服装辅件是服装设计中不可缺少的部分，也是服装功能所需要的一部分。服装款式与服装辅件相互结合、相互补充，构成服装的整体美，如图 3-29 所示。

服装设计首先要确定的是造型和款式，在此基础上再考虑必要的装饰，服装款式的造型决定了服装的装饰。装饰要依附于款式的变化并受到款式的制约；同时，服装辅件的装饰也完善了款式，二者肯相辅相成，以达到理想的效果。

点、线、面是服装款式的三要素，同时它也是服装装饰的三要素，具体表现在：点饰、线饰、面饰这三种装饰类型上。

(1) 点饰

在服装中，点饰是以扣子、珠子或其他单独纹样装饰的饰点为表现形式。可运用点的特性中的点的大小、位置、方向、聚散、连续等组合，有规律、有秩序地排列，形成各类型的装饰，多数在服装中作为服装的亮点呈现。

(2) 线饰

服装中的线饰可以分为虚线装饰和纯线装饰两种。虚线装饰是以点饰组成的装饰；纯线装饰可分为以线为主结合点饰和以线组成多层次的面饰两种类型。表现形式大多以花边装饰、边缘装饰为主，也会出现在服装结构线上进行的装饰。男装在肩胛骨处装饰有较明显的装饰线可以突出男人肩宽、挺拔、魁梧等特征。

(3) 面饰

服装面饰可分为纯面装饰、以面为主结合点饰、以面为主结合线饰以及点、线、面综合运用这四种类型，其表现形式多以服装裁片拼接组合，运用不同行、不同的大小、不同的色彩等组合，使服装的色调协调统一，表达美的装饰和美的节奏的效果。

无论运用哪些装饰方法，都应有主次区分，相互补充。再运用分割、镂空、镶嵌等一些设计手法，突出服装装饰的重点，从而达到表现服装款式风格的效果。

图3-29

Chapter **4** 青春动感服装的绘制

4.1 校园服装裙的绘制

01 按 <Ctrl+N> 键或执行菜单栏中的"文件 > 新建"命令，系统会自动新建一个 A4 大小的空白文档。设置属性栏调整文档大小，如图 4-1 所示。

图4-1

02 执行菜单栏中的"文件 > 导入"命令，将随书光盘素材文件夹中名为"4.1"的素材图像，导入该文档中并调整摆放位置，如图 4-2 所示。

03 单击工具箱中的 "贝塞尔工具"，绘制出人物的线稿轮廓，如图 4-3 所示。单击 "轮廓笔工具"打开"轮廓笔"对话框，其参数设置如图 4-4 所示。

图4-2

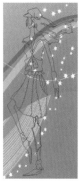

图4-3

图4-4

04 单击 "贝塞尔工具"，绘制出皮肤明暗面积轮廓；单击 "均匀填充工具"，打开"均匀填充"对话框，其参数设置如图 4-5、图 4-6 所示，填充后的效果如图 4-7 所示。

图4-5

图4-6

图4-7

05 单击 "贝塞尔工具"进行绘制，如图 4-8 所示，并使用 "均匀填充工具"填充为"白色"。继续单击 "贝塞尔工具"绘制图像轮廓，单击 "图样填充"工具，打开"图样填充"对话框，其参数设置如图 4-9 所示，得到的图像效果如图 4-10 所示。使用同样的方法继续绘制，效果如图 4-11 所示。

图4-8

图4-9

图4-10

图4-11

06 绘制鞋并填充颜色为"黑色"，如图 4-12 所示；单击 "贝塞尔工具"绘制鞋底，单击 "图样填充"工具，打开"图样填充"对话框，其参数设置如图 4-13 所示，得到的图像效果如图 4-14 所示。

图4-12

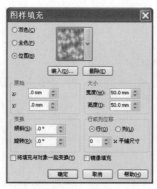
图4-13

图4-14

07 单击 "贝塞尔工具" 绘制上衣轮廓，单击 "底纹填充" 工具，打开"底纹填充"对话框，其参数设置如图 4-15 所示，得到的图像效果如图 4-16 所示。

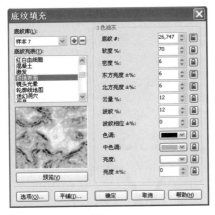

图4-15

图4-16

08 使用同样的方法继续绘制，效果如图 4-17 所示。单击 "贝塞尔工具" 绘制轮廓图像，并填充颜色为"白色"，如图 4-18 所示。

图4-17

图4-18

09 单击 "贝塞尔工具" 绘制帽子轮廓，单击 "均匀填充工具"，打开"均匀填充"对话框，其参数设置如图 4-19 所示，得到的图像效果如图 4-20 所示。

图4-19

图4-20

10 单击 "贝塞尔工具" 继续绘制图像轮廓，单击 "均匀填充工具" 进行填充，其参数设置如图 4-21 所示，得到的图像效果如图 4-22 所示。

图4-21

图4-22

11 单击 ↘ "贝塞尔工具"绘制帽子与裙子明部面积轮廓,明部颜色填充为"C3 M3 Y60 K0",得到的图像效果如图 4-23 所示。

12 单击 ↘ "贝塞尔工具"绘制人物头发轮廓,单击 ■ "均匀填充工具"进行填充,其参数设置如图 4-24 所示,得到的图像效果如图 4-25 所示。单击 ↘ "贝塞尔工具"绘制耳环轮廓,单击 ■ "均匀填充工具"进行填充,其颜色为"青"。

图4-23

图4-24

图4-25

13 参照图 4-26 所示绘制头发明暗层次,其颜色设置如图 4-27~ 图 4-31 所示。

图4-26

图4-27

图4-28

图4-29

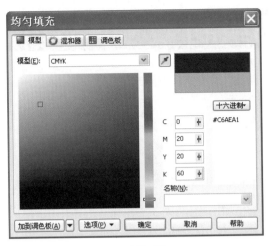

图4-30

图4-31

14 绘制人物眼睛，并填充颜色为"黑色"，得到的图像效果如图4-32所示。

15 单击 "贝塞尔工具"绘制鞋明部面积轮廓，单击 "均匀填充工具"，打开"均匀填充"对话框，其参数设置如图 4-33 所示，得到的图像效果如图 4-34 所示。

图4-32

图4-33

图4-34

16 单击 "椭圆形工具"参照图 4-35 所示绘制图像，其填充颜色为"白色"；参照图 4-36 所示将白色圆点复制多个，得到的图像最终效果如图 4-37 所示。

图4-35

图4-36

图4-37

01 按 <Ctrl+N> 键或执行菜单栏中的"文件 > 新建"命令，系统会自动新建一个 A4 大小的空白文档，设置属性栏调整文档大小，如图 4-38 所示。

图4-38

02 执行菜单栏中的"文件 > 导入"命令，将随书光盘素材文件夹中名为"4.2"的素材图像，导入该文档中并调整摆放位置，如图 4-39 所示。

03 单击工具箱中的 "贝塞尔工具"绘制出人物的线稿轮廓，如图 4-40 所示。单击 "轮廓笔工具"，打开"轮廓笔"对话框，其参数设置如图 4-41 所示。

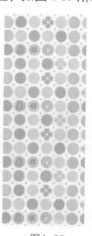

图4-39

图4-40

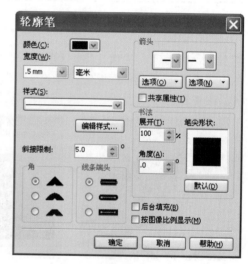

图4-41

04 单击 "贝塞尔工具"绘制皮肤面积轮廓，单击 "均匀填充工具"，打开"均匀填充"对话框，其参数设置如图 4-42 所示，得到的图像效果如图 4-43 所示。

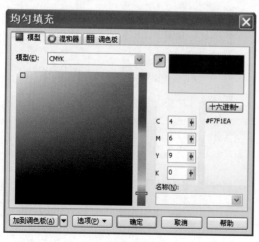

图4-42

图4-43

05 单击 ▚ "贝塞尔工具"绘制短裤面积轮廓，单击 ▇ "均匀填充工具"，打开"均匀填充"对话框，其参数设置如图 4-44 所示，得到的图像效果如图 4-45 所示。

图4-44

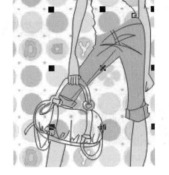

图4-45

06 将上衣填充为"黑色"，如图 4-46 所示。单击 ▚ "贝塞尔工具"绘制帽子面积轮廓，单击 ▇ "均匀填充工具"，打开"均匀填充"对话框，其参数设置如图 4-47 所示，得到的图像效果如图 4-48 所示。

图4-46

图4-47

图4-48

07 单击 ▚ "贝塞尔工具"绘制头发面积轮廓，单击 ▇ "均匀填充工具"，打开"均匀填充"对话框，其参数设置如图 4-49 所示，得到的图像效果如图 4-50 所示。

图4-49

图4-50

08 单击 "贝塞尔工具" 绘制包面积轮廓，单击 "均匀填充工具"，打开"均匀填充"对话框，其参数设置如图 4-51 所示，得到的图像效果如图 4-52 所示。

图4-51

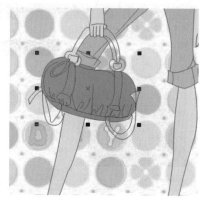

图4-52

09 单击 "贝塞尔工具" 绘制鞋面积轮廓，单击 "均匀填充工具"，打开"均匀填充"对话框，其参数设置如图 4-53 所示，得到的图像效果如图 4-54 所示。

图4-53

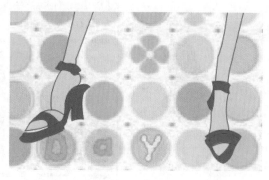

图4-54

10 单击 "贝塞尔工具" 绘制鞋的暗部面积轮廓，暗部颜色填充如图 4-55 所示，得到的图像效果如图 4-56 所示。

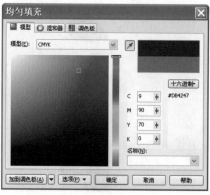

图4-55

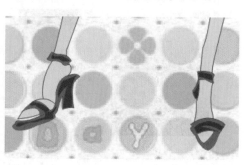

图4-56

11 参照图 4-57 所示绘制图像，并填充颜色为"黑色"。单击 "贝塞尔工具"绘制包袋明暗面积轮廓，如图 4-58 所示，其明暗颜色填充如图 4-59~ 图 4-61 所示。

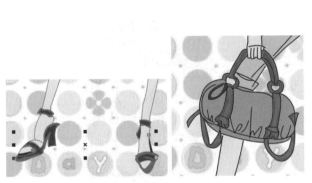

图4-57　　　　　　　图4-58

4-59

图4-60

图4-61

12 绘制包的明暗面积，为了让包更立体化，可以多绘制几层，并填充适当的颜色，如图 4-62 所示，其颜色设置如图 4-63 和图 4-64 所示。

图4-62

图4-63

图4-64

⒀ 参照图 4-65 所示绘制人物眼睛，并填充颜色为"黑色"。单击 ⬚ "贝塞尔工具"绘制人物嘴，如图 4-66 所示，其明暗颜色填充如图 4-67、图 4-68 所示。

图4-65

图4-66

图4-67

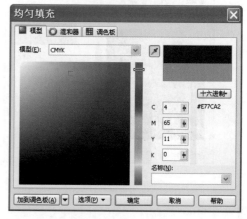

图4-68

⒁ 单击 ⬚ "贝塞尔工具"绘制腰带面积轮廓；单击 ⬛ "图样填充工具"，打开"图样填充"对话框，其参数设置如图 4-69 所示，得到的图像效果如图 4-70 所示。

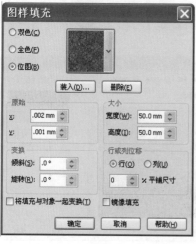

图4-69

图4-70

15 单击 ▹ "贝塞尔工具"绘制图像面积轮廓,如图 4-71 所示,其颜色填充为"黑色"。继续单击"贝塞尔工具"参照图 4-72 所示绘制帽子明暗面积轮廓,明暗部颜色填充如图 4-73 和图 4-74 所示。

图4-71

图4-72

图4-73

图4-74

16 单击 ▹ "贝塞尔工具"绘制人物头发明暗面积轮廓,如图 4-75 所示,明暗颜色填充如图 4-76 和图 4-77 所示。

图4-75

图4-76

图4-77

17 单击 ↖ "贝塞尔工具"绘制人物皮肤暗部面积轮廓，暗部颜色填充如图 4-78 所示，得到的图像效果如图 4-79 所示。

图4-78 　　　　　　　　　　　　　　　图4-79

18 单击 ↖ "贝塞尔工具"绘制上衣明部面积轮廓，明部颜色填充如图 4-80 所示，得到的图像效果如图 4-81 所示。

图4-80 　　　　　　　　　　　　　　　图4-81

19 参照图 4-82 所示绘制图像，并填充颜色为"白色"。单击 ↖ "贝塞尔工具"绘制短裤明部面积轮廓，明部颜色填充如图 4-83 所示，得到的图像效果如图 4-84 所示。人物最终效果如图 4-85 所示。

图4-83

图4-82 　　　　　　图4-84 　　　　　　图4-85

4.3 长衫短裙的绘制

01 按 <Ctrl+N> 键或执行菜单栏中的"文件 > 新建"命令，系统会自动新建一个 A4 大小的空白文档。设置属性栏调整文档大小，如图 4-86 所示。

图4-86

02 执行菜单栏中的"文件 > 导入"命令，将随书光盘素材文件夹中名为"4.3"的素材图像，导入该文档中并调整摆放位置，如图 4-87 所示。

图4-87

03 单击工具箱中的 "贝塞尔工具"绘制出人物的线稿轮廓，如图 4-88 所示。单击 "轮廓笔工具"，打开"轮廓笔"对话框，其参数设置如图 4-89 所示。

图4-88

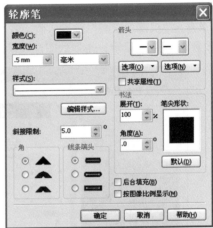

图4-89

04 单击 "贝塞尔工具"绘制皮肤面积轮廓，其颜色设置为"C4 M6 Y9 K0"，得到的图像效果如图 4-90 所示。

图4-90

05 单击 "贝塞尔工具"绘制头发面积轮廓，单击 "均匀填充工具"进行填充，其参数设置如图 4-91 所示，得到的图像效果如图 4-92 所示。

图4-91

图4-92

06 单击 ↘ "贝塞尔工具" 绘制帽子面积轮廓,颜色填充如图 4-93 所示,得到的图像效果如图 4-94 所示。

图4-93

图4-94

07 单击 ↘ "贝塞尔工具" 绘制人物上衣面积轮廓,单击 ■ "均匀填充工具" 进行填充,其参数设置如图 4-95 所示,得到的图像效果如图 4-96 所示。

图4-95

图4-96

08 单击 ↘ "贝塞尔工具" 绘制皮肤暗部面积轮廓,暗部颜色填充如图 4-97 所示,得到的图像效果如图 4-98 所示。

图4-97

图4-98

09 单击 "贝塞尔工具" 绘制包的面积轮廓，单击 "均匀填充工具" 进行填充，其参数设置如图 4-99 所示，得到的图像效果如图 4-100 所示。

图4-99

图4-100

10 单击 "贝塞尔工具" 绘制裙子与领口面积轮廓，单击 "均匀填充工具" 进行填充，其参数设置如图 4-101 所示，得到的图像效果如图 4-102 所示。

图4-101

图4-102

11 单击 "贝塞尔工具" 绘制帽子明暗面积轮廓，如图 4-103 所示。明暗颜色填充如图 4-104 和图 4-105 所示。

图4-103

图4-104

图4-105

12 单击 ⬚ "贝塞尔工具"绘制头发暗部面积轮廓，暗部颜色填充如图 4-106 所示，得到的图像效果如图 4-107 所示。

图4-106   图4-107

13 单击 ⬚ "贝塞尔工具"绘制人物上衣暗部面积轮廓，暗部颜色填充如图 4-108 所示，得到的图像效果如图 4-109 所示。

图4-108   图4-109

14 单击 ⬚ "贝塞尔工具"绘制裙子暗部面积轮廓，暗部颜色填充如图 4-110 所示，得到的图像效果如图 4-111 所示。

图4-110   图4-111

15 单击 ↖ "贝塞尔工具"绘制鞋明暗面积轮廓，如图4-112所示，其明暗颜色填充如图4-113和图4-114所示。

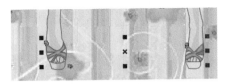

图4-112

图4-113

图4-114

16 单击 ↖ "贝塞尔工具"绘制鞋底面积轮廓，单击 ■ "均匀填充工具"，打开"均匀填充"对话框，进行填充，其参数设置如图4-115所示，得到的图像效果如图4-116所示。

图4-115

图4-116

17 单击 ↖ "贝塞尔工具"绘制太阳镜面积轮廓，单击 ■ "均匀填充工具"，打开"均匀填充"对话框进行填充，其参数设置如图4-117所示，得到的图像效果如图4-118所示。

图4-117

图4-118

18 单击 "贝塞尔工具"绘制明暗面积轮廓,如图 4-119 所示,其明暗颜色填充如图 4-120 和图 4-121 所示。

图4-119

图4-120

图4-121

19 参照图 4-122 所示绘制图像,其颜色填充为"黑色"。单击 "透明度工具",对图像进行调整,得到的图像效果如图 4-123 所示,其属性栏设置如图 4-124 所示。

图4-122

图4-123

图4-124

20 单击 "贝塞尔工具"绘制包的面积轮廓,单击 "均匀填充工具"进行填充,其参数设置如图 4-125 所示,得到的图像效果如图 4-126 所示。

图4-125

图4-126

ⅡⅡ "透明度工具"属性栏设置如图 4-127 所示，对图像进行调整，得到的图像效果如图 4-128 所示。

ⅡⅡ 单击 ✎ "贝塞尔工具"绘制包袋面积轮廓，单击 ■ "均匀填充工具"进行填充，其参数设置如图 4-129 所示，得到的图像效果如图 4-130 所示。

图4-127

图4-128

图4-129

图4-130

ⅡⅡ 将包袋参照图 4-131 所示进行原位置复制，其颜色设置如图 4-132 所示；"透明度工具"属性栏设置如图 4-133 所示，对图像进行调整，得到的图像效果如图 4-134 所示。

图4-131

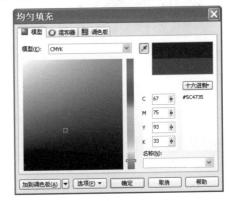

图4-132

图4-134

图4-133

14 参照图 4-135 所示绘制人物眼睛，其颜色填充为"黑色"。参照图 4-136 所示继续绘制，其颜色填充为"白色"。

图4-135

图4-136

15 单击 "贝塞尔工具"绘制人物嘴明暗面积轮廓，如图 4-137 所示，明暗部颜色填充如图 4-138、图 4-139 所示。

图4-137

图4-138

图4-139

16 单击 "艺术笔工具"，其属性栏设置如图 4-140 所示，如图 4-141 所示绘制图像并调整摆放位置，如图 4-141 所示。得到的图像最终效果如图 4-142 所示。

图4-140

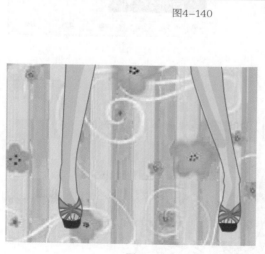

图4-141

图4-142

4.4 帽衫短裙的绘制

01 按 <Ctrl+N> 键或执行菜单栏中的"文件 > 新建"命令，系统会自动新建一个 A4 大小的空白文档。设置属性栏调整文档大小，如图 4-143 所示。

图4-143

02 执行菜单栏中的"文件 > 导入"命令，将随书光盘素材文件夹中名为"4.4"的素材图像，导入该文档中并调整摆放位置，如图 4-144 所示。

03 单击工具箱中的 "贝塞尔工具"绘制出人物的线稿轮廓，如图 4-145 所示。单击 "轮廓笔工具"打开"轮廓笔"对话框，其参数设置如图 4-146 所示。

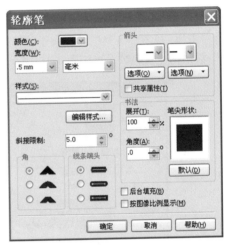

图4-144　　　　　　　图4-145　　　　　　　图4-146

04 单击 "贝塞尔工具"绘制皮肤面积轮廓，其颜色填充如图 4-147 所示，得到的图像效果如图 4-148 所示。

图4-147　　　　　　　图4-148

05 单击 ↖ "贝塞尔工具"绘制帽子面积轮廓，单击 ■ "均匀填充工具"，打开"均匀填充"对话框进行填充，其参数设置如图 4-149 所示，得到的图像效果如图 4-150 所示。

图4-149

图4-150

06 单击 ↖ "贝塞尔工具"绘制帽子装饰带面积轮廓，单击 ■ "图样填充工具"，打开"图样填充"对话框，其参数设置如图 4-151 所示，得到的图像效果如图 4-152 所示。

图4-151

图4-152

07 单击 ↖ "贝塞尔工具"绘制衣服面积轮廓，单击 ■ "均匀填充工具"，打开"均匀填充"对话框进行填充，其参数设置如图 4-153 所示，得到的图像效果如图 4-154 所示。

图4-153

图4-154

08 单击 "贝塞尔工具"绘制人物头发面积轮廓，单击 "均匀填充工具"进行填充，其参数设置如图 4-155 所示，得到的图像效果如图 4-156 所示。

图4-155

图4-156

09 单击 "贝塞尔工具"绘制靴子面积轮廓，单击 "均匀填充工具"进行填充参数设置如图 4-157 所示，得到的图像效果如图 4-158 所示。

图4-157

图4-158

10 单击 "贝塞尔工具"绘制裙子面积轮廓，单击 "均匀填充工具"进行填充，其参数设置如图 4-159 所示，得到的图像效果如图 4-160 所示。

图4-159

图4-160

11 单击 "贝塞尔工具" 绘制图像面积轮廓，单击 "均匀填充工具" 进行填充，其参数设置如图 4-161 所示，得到的图像效果如图 4-162 所示。单击 "贝塞尔工具" 绘制人物头发明部面积轮廓，明部颜色填充为 "宝石红"。

图4-161

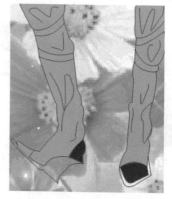

图4-162

12 单击 "贝塞尔工具" 绘制帽子及裙子明暗面积轮廓，如图 4-163 所示，明暗部颜色填充如图 4-164~ 图 4-167 所示。

图4-163

图4-164

图4-165

图4-166

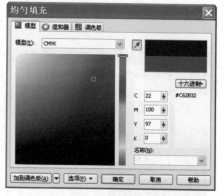

图4-167

13 单击"贝塞尔工具"绘制靴子暗部面积轮廓，暗部颜色填充如图4-168所示，得到的图像效果如图4-169所示。

图4-168

图4-169

14 参照图4-170所示绘制鞋靴装饰带，其明暗部颜色填充如图4-171和图4-172所示。

图4-170

图4-171

图4-172

15 单击"贝塞尔工具"绘制图像面积轮廓，单击"均匀填充工具"进行填充，其参数设置如图4-173所示，得到的图像效果如图4-174所示。

图4-173

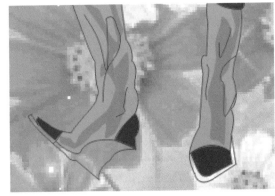

图4-174

16 单击 ✎ "贝塞尔工具" 绘制暗部面积轮廓,如图 4-175 所示,暗部颜色填充如图 4-176 所示。

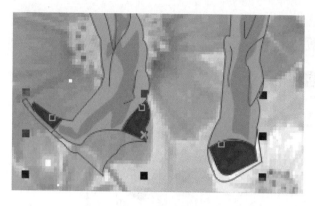

图4-175

图4-176

17 单击 ✎ "贝塞尔工具" 绘制衣服明暗面积轮廓,如图 4-177 所示,其明暗颜色填充如图 4-178、图 4-179 所示。

图4-177

图4-178

图4-179

18 单击 ✎ "贝塞尔工具" 绘制皮肤暗部面积轮廓,暗部颜色填充如图 4-180 所示,得到的图像效果如图 4-181 所示。

图4-180

图4-181

19 参照图 4-182 所示绘制眼睛，颜色填充为"黑色"。参照图 4-183 所示继续绘制，颜色填充为"白色"。

图4-182

图4-183

10 单击 "贝塞尔工具"绘制人物嘴明暗面积轮廓，如图 4-184 所示，其明暗部颜色填充如图 4-185 和图 4-186 所示。

图4-184

图4-185

图4-186

11 单击 "贝塞尔工具"绘制鞋底明暗部面积轮廓，如图 4-187 所示，其明暗部颜色填充如图 4-188 和图 4-189 所示。

图4-187

图4-188

图4-189

单击 ✎ "贝塞尔工具"绘制图像面积轮廓,单击 ■ "图样填充工具",打开"图样填充"对话框,其参数设置如图 4-190 所示,得到的图像效果如图 4-191 所示。

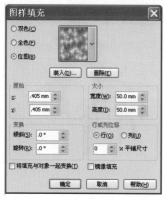

图4-190

图4-191

单击 ✎ "艺术笔工具",其属性栏设置如图 4-192~ 图 4-194 所示,参照图 4-195 所示绘制图像并调整摆放位置。得到的图像最终效果如图 4-196 所示。

图4-192

图4-193

图4-194

图4-195

图4-196

[01] 按 <Ctrl+N> 键或执行菜单栏中的 "文件 > 新建" 命令，系统会自动新建一个 A4 大小的空白文档。

[02] 执行菜单栏中的 "文件 > 导入" 命令，将随书光盘素材文件夹中名为 "4.5" 的素材图像，导入该文档中并调整摆放位置。

[03] 单击工具箱中的 "贝塞尔工具" 绘制出人物的线稿轮廓，如图 4-197 所示。单击 "轮廓笔工具"，打开 "轮廓笔" 对话框，其参数设置如图 4-198 所示。

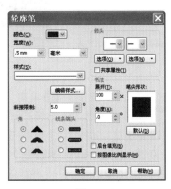

图4-197 　　　　　　　　　　　图4-198

[04] 单击 "贝塞尔工具" 绘制皮肤面积轮廓，其颜色填充如图 4-199 所示，得到的图像效果如图 4-200 所示。

[05] 单击 "贝塞尔工具" 绘制皮肤暗部面积轮廓，暗部颜色填充如图 4-201 所示，得到的图像效果如图 4-202 所示。

图4-199 　　　　 图4-200 　　　　 图4-201 　　　　 图4-202

[06] 单击 "贝塞尔工具" 绘制裙子明暗面积轮廓，明暗部颜色填充如图 4-203 和图 4-204 所示，得到的图像效果如图 4-205 所示。

图4-203 　　　　　　　　 图4-204 　　　　　　　　 图4-205

07 单击 "贝塞尔工具"绘制图像轮廓，如图 4-206 所示，并填充颜色为"黑色"。

08 单击 "贝塞尔工具"绘制图像轮廓，单击 "均匀填充工具"进行填充，其参数设置如图 4-207 所示，单击 "网状填充工具"，这时出现网格，现在只需要填充适当颜色修饰明暗即可，如图 4-208 所示。

图4-206

图4-207

图4-208

09 利用同样的方法，单击 "贝塞尔工具"绘制图像轮廓，单击 "均匀填充工具"进行填充，其参数设置如图 4-209 所示，单击 "网状填充工具"，这时出现网格，现在只需要填充适当颜色修饰明暗即可，如图 4-210 所示。

10 单击 "贝塞尔工具"绘制出领口面积轮廓，单击 "均匀填充工具"进行填充，其参数设置如图 4-211 所示，得到的图像效果如图 4-212 所示。

11 单击 "贝塞尔工具"绘制出人物嘴的面积轮廓，单击 "均匀填充工具"进行填充，其参数设置如图 4-213 所示，得到的图像效果如图 4-214 所示。

图4-209

图4-211

图4-213

图4-210

图4-212

图4-214

14 单击 "贝塞尔工具"绘制曲线轮廓，如图 4-220 所示，单击 "轮廓笔工具"打开"轮廓笔"对话框，其参数设置如图 4-221 所示，得到的图像效果如图 4-222 所示。

图4-220

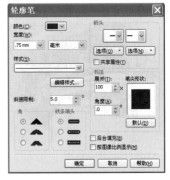

图4-221

图4-222

15 单击 "贝塞尔工具"绘制图像面积轮廓，单击 "均匀填充工具"进行填充，其参数设置如图 4-218 所示，得到的图像效果如图 4-219 所示。

图4-218

图4-219

16 单击 "贝塞尔工具"绘制曲线轮廓，如图 4-215 所示，单击 "轮廓笔工具"打开"轮廓笔"对话框，其参数设置如图 4-216 所示，得到的图像效果如图 4-217 所示。

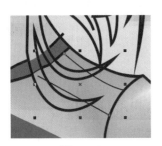

图4-215

图4-216

图4-217

15 参照图 4-223 所示在人物肩部绘制图像，并填充颜色为"黑色"。继续参照图 4-224 所示绘制图像，填充颜色为"白色"。

图4-223

图4-224

16 单击 ⬝ "贝塞尔工具"绘制图像面积轮廓,单击 ■ "均匀填充工具"进行填充,其参数设置如图 4-225 所示,得到的图像效果如图 4-226 所示。

图4-225

图4-226

17 单击 ⬝ "贝塞尔工具"绘制图像面积轮廓,单击 ■ "均匀填充工具"进行填充,其参数设置如图 4-227 所示,得到的图像效果如图 4-228 所示。

图4-227

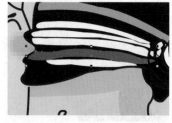

图4-228

18 单击 ⬝ "贝塞尔工具"绘制图像面积轮廓,单击 ■ "均匀填充工具"进行填充,其参数设置如图 4-229 所示,得到的图像效果如图 4-230 所示。

图4-229

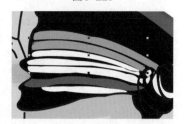

图4-230

19 单击 ⬝ "贝塞尔工具"绘制图像面积轮廓,单击 ■ "均匀填充工具"进行填充,其参数设置如图 4-231 所示,得到的图像效果如图 4-232 所示。

图4-231

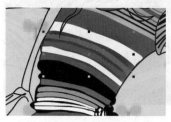

图4-232

20 单击 ⬝ "贝塞尔工具"绘制图像明暗面积轮廓,明暗部颜色填充如图 4-233 和图 4-234 所示。得到的图像效果如图 4-235 所示。

图4-233

图4-234

图4-235

1 单击 ✎ "贝塞尔工具"绘制出人物头发的面积轮廓,单击 ■ "均匀填充工具"进行填充,其参数设置如图 4-236 所示,得到的图像效果如图 4-237 所示。

2 单击 ✎ "贝塞尔工具"绘制头发明暗面积轮廓,明暗部颜色填充为"紫红"、"灰紫红"、"深红"、"宝石红",得到的图像效果如图 4-238 所示。

图4-236

图4-237

图4-238

3 单击 ✎ "贝塞尔工具"绘制出人物太阳镜的面积轮廓,单击 ■ "均匀填充工具"进行填充,其参数设置如图 4-239 所示,得到的图像效果如图 4-240 所示。

图4-239

图4-240

4 单击 ✎ "贝塞尔工具"绘制太阳镜明暗面积轮廓,明暗部颜色填充如图 4-241~ 图 4-243 所示,得到的图像效果如图 4-244 所示。

图4-241

图4-242

图4-243

图4-244

15 单击 "贝塞尔工具" 绘制帽子明暗面积轮廓，明暗部颜色填充如图 4-245 和图 4-246 所示，得到的图像效果如图 4-247 所示。

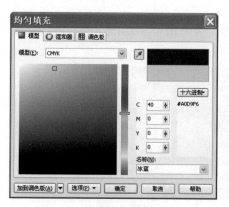

图4-245

图4-246

图4-247

16 参照图 4-248 所示绘制包，其颜色填充为 "白色"。单击 "贝塞尔工具" 绘制图像面积轮廓，单击 "均匀填充工具" 进行填充，其参数设置如图 4-249 所示，得到的图像效果如图 4-250 所示。

图4-248

图4-249

图4-250

17 单击 "贝塞尔工具" 绘制图像面积轮廓，单击 "均匀填充工具" 进行填充，其参数设置如图 4-251 所示，得到的图像效果如图 4-252 所示。

图4-251

图4-252

18 单击 "贝塞尔工具" 绘制手镯明暗面积轮廓，明暗部颜色填充如图 4-253 和图 4-254 所示，得到的图像效果如图 4-255 所示。得到的最终图像效果如图 4-256 所示。

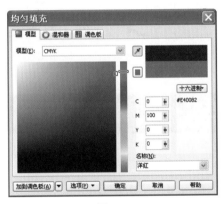

图4-253

图4-254

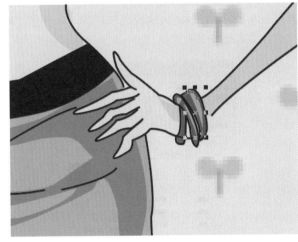

图4-255

图4-256

Chapter  柔美裙装的绘制

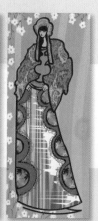

5.1 大摆长裙的绘制

01 按 <Ctrl+N> 键或执行菜单栏上的"文件 > 新建"命令，系统会自动新建一个 A4 大小的空白文档。设置属性栏调整文档大小，如图 5-1 所示。

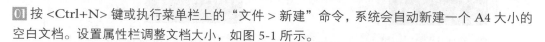

图5-1

02 单击工具箱中的 ⌨ "贝塞尔工具"，参照图 5-2 所示绘制出人物的线稿轮廓。单击 ⌨ "轮廓笔工具"，打开"轮廓笔"对话框，其参数设置如图 5-3 所示。

图5-2

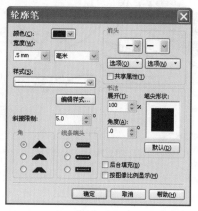

图5-3

03 单击 "贝塞尔工具" 绘制皮肤明暗面积轮廓，其颜色填充如图 5-4、图 5-5 所示，得到的图像效果如图 5-6 所示。

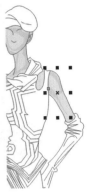

图5-4   图5-5   图5-6

04 单击 "贝塞尔工具" 绘制人物头发面积轮廓，单击 "均匀填充工具" 进行填充，其参数设置如图 5-7 所示，得到的图像效果如图 5-8 所示。

图5-7   图5-8

05 单击 "贝塞尔工具" 绘制人物头发区域路径，如图 5-9 所示单击 "均匀填充工具" 进行填充，其参数设置如图 5-10 和图 5-11 所示。

图5-9   图5-10   图5-11

06 单击 ✎ "贝塞尔工具"绘制人物发带面积轮廓，单击 ■ "均匀填充工具"进行填充，其参数设置如图 5-12 所示，得到的图像效果如图 5-13 所示。

图5-12

图5-13

07 单击 ✎ "贝塞尔工具"继续绘制人物发带面积轮廓，单击 ■ "均匀填充工具"进行填充，其参数设置如图 5-14 所示，得到的图像效果如图 5-15 所示。

图5-14

图5-15

08 单击 ✎ "贝塞尔工具"绘制衣领面积轮廓，单击 ■ "图样填充工具"，打开"图样填充"对话框，其参数设置如图 5-16 所示，得到的图像效果如图 5-17 所示。

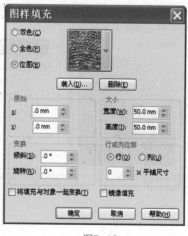

图5-16

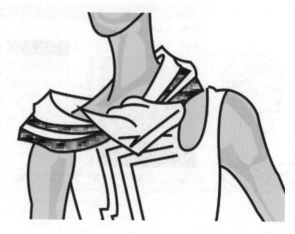

图5-17

09 参照图 5-18 所示绘制图像，其填充颜色为"黑色"。 单击 "贝塞尔工具"绘制衣服装饰面积轮廓，单击 "均匀填充工具"进行填充，其参数设置如图 5-19 所示，得到的图像效果如图 5-20 所示。

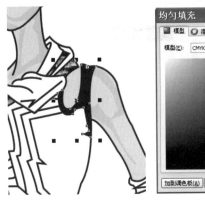

图5-18　　　　　　　　　　图5-19　　　　　　　　　　图5-20

10 单击 "贝塞尔工具"继续绘制衣服装饰面积轮廓，单击 "均匀填充工具"进行填充，其参数设置如图 5-21 所示，得到的图像效果如图 5-22 所示。

图5-21　　　　　　　　　　　　　图5-22

11 单击 "贝塞尔工具"绘制人物裙子及手套面积轮廓，单击 "均匀填充工具"进行填充，其参数设置如图 5-23 所示，得到的图像效果如图 5-24 所示。

图5-23　　　　　　　　　　图5-24

12 单击 ↖ "贝塞尔工具" 绘制手套明暗面积轮廓，其颜色填充如图 5-25 和图 5-26 所示，得到的图像效果如图 5-27 所示。

图5-25　　　　　　　　　　　　　　图5-26　　　　　　　　图5-27

13 单击 ↖ "贝塞尔工具" 继续绘制裙子面积轮廓，单击 ■ "均匀填充工具" 进行填充，其参数设置如图 5-28 所示，得到的图像效果如图 5-29 所示。

图5-28　　　　　　　　　　　　图5-29

14 单击 ↖ "贝塞尔工具" 绘制裙子暗部面积轮廓，暗部颜色填充如图 5-30 所示，得到的图像效果如图 5-31 所示。

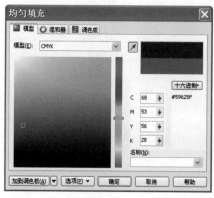

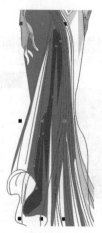

图5-30　　　　　　　　　　　图5-31

15 利用同样的方法参照图 5-32 所示绘制裙子明暗面积轮廓,其颜色填充如图 5-33~ 图 5-36 所示。

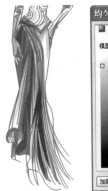

图5-32

图5-33

图5-34

图5-35

图5-36

16 参照图 5-37 所示绘制图像,其颜色填充为"白色";绘制人物眼睛并填充颜色为"黑色", 如图 5-38 所示;参照图 5-39 所示继续绘制眼睛。

图5-37　　　　　　图5-38　　　　　　图5-39

17 参照图 5-40 所示将眼睛水平镜像复制，单击 ↘ "贝塞尔工具"绘制嘴明暗面积轮廓，其颜色填充如图 5-41、图 5-42 所示，得到的图像效果如图 5-43 所示。

图5-40

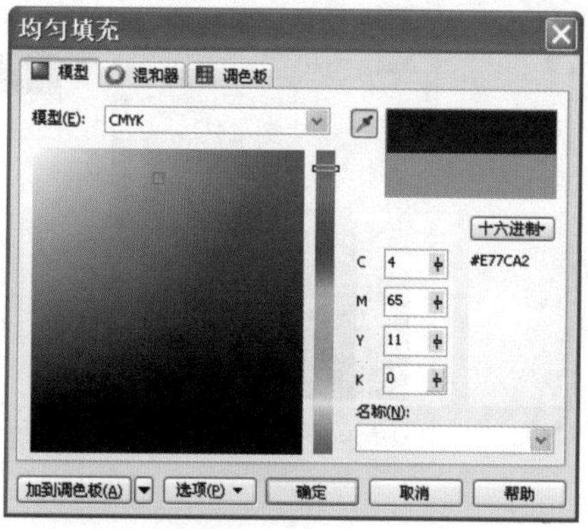

图5-41

图5-42

图5-43

18 单击 ↘ "艺术笔工具"，其属性栏设置如图 5-44 所示，参照图 5-45 所示绘制图像。

图5-44

图5-45

5.2 时尚太阳裙的绘制

01 按 <Ctrl+N> 键或执行菜单栏中的"文件 > 新建"命令，系统会自动新建一个 A4 大小的空白文档。

02 执行菜单栏中的"文件 > 导入"命令，将随书光盘素材文件夹中名为"5.2"的素材图像导入该文档中并调整摆放位置，如图 5-46 所示。

03 单击工具箱中的 "贝塞尔工具"绘制出人物的线稿轮廓，如图 5-47 所示。单击"轮廓笔工具"，打开"轮廓笔"对话框，其参数设置如图 5-48 所示。

图5-46

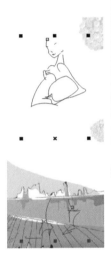

图5-47

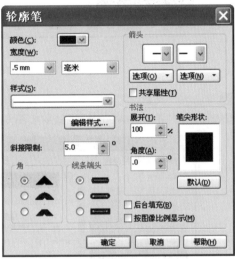

图5-48

04 单击 "贝塞尔工具"绘制人物皮肤面积轮廓，单击 "均匀填充工具"进行填充，其参数设置如图 5-49 所示，得到的图像效果如图 5-50 所示。

图5-49

图5-50

05 单击 ⬚ "贝塞尔工具"绘制人物头发面积轮廓,单击■ "均匀填充工具"进行填充,其参数设置如图 5-51 所示,得到的图像效果如图 5-52 所示。

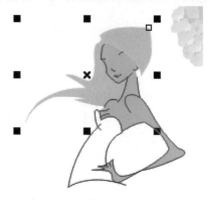

图5-51 图5-52

06 单击 ⬚ "贝塞尔工具"绘制衣服面积轮廓,单击■ "均匀填充工具"进行填充,其参数设置如图 5-53 所示,得到的图像效果如图 5-54 所示。

图5-53 图5-54

07 单击 ⬚ "贝塞尔工具"绘制人物裙子面积轮廓,单击■ "均匀填充工具"进行填充,其参数设置如图 5-55 所示,得到的图像效果如图 5-56 所示。

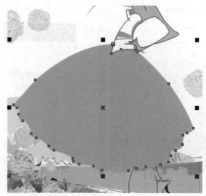

图5-55 图5-56

08 执行菜单栏中的"窗口 > 泊坞窗 > 透镜"命令，打开"透镜"对话框，其参数设置如图5-57所示，得到的图像效果如图5-58所示。单击 "贝塞尔工具"继续绘制人物裙子面积轮廓，单击 "均匀填充工具"进行填充，其参数设置如图5-59所示，得到的图像效果如图5-60所示。

图5-57

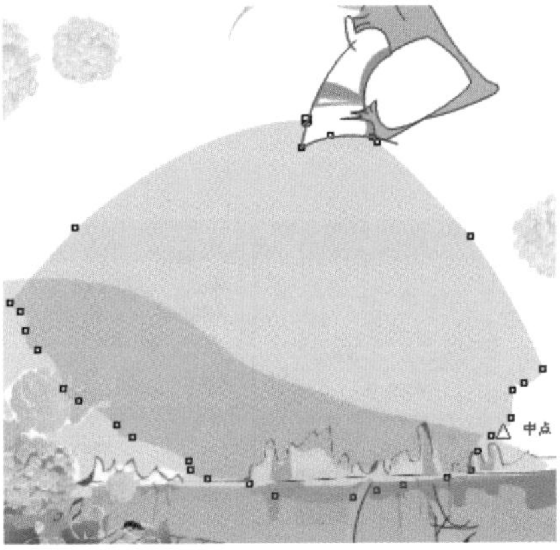

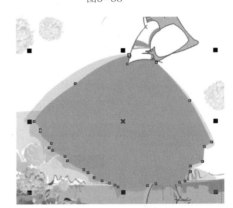

图5-58

图5-59

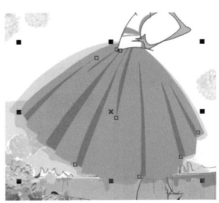

图5-60

09 单击 "贝塞尔工具"绘制裙子暗部面积轮廓，暗部颜色填充如图5-61所示，得到的图像效果如图5-62所示。

图5-61

图5-62

⑩ 单击 ↖ "贝塞尔工具"绘制曲线轮廓，如图 5-63 所示，单击 ⚱ "轮廓笔工具"，打开"轮廓笔"对话框，其参数设置如图 5-64~ 图 5-66 所示。

图5-63

图5-64

图5-65

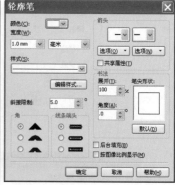

图5-66

⑪ 单击 ↖ "贝塞尔工具"绘制人物鞋面积轮廓，单击 ▓ "均匀填充工具"进行填充，其参数设置如图 5-67 所示，得到的图像效果如图 5-68 所示。

图5-67

图5-68

⑫ 单击 ↖ "贝塞尔工具"绘制图像面积轮廓，单击 ▓ "均匀填充工具"进行填充，其参数设置如图 5-69 所示，得到的图像效果如图 5-70 所示。

图5-69

图5-70

13 参照图 5-71 所示绘制鞋跟，其颜色填充为"黑色"。单击 "贝塞尔工具"绘制皮肤明暗面积轮廓，如图 5-72 所示，其颜色填充如图 5-73 和图 5-74 所示。

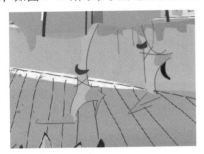

图5-71

图5-72

图5-73

图5-74

14 单击 "贝塞尔工具"绘制人物头发明暗面积轮廓，其颜色填充如图 5-75、图 5-76 所示。参照图 5-77 所示绘制人物眼睛，其明暗颜色填充如图 5-78~ 图 5-80 所示。

图5-75

图5-76

图5-77

图5-78

图5-79

图5-80

15 单击 "贝塞尔工具" 绘制人物嘴面积轮廓，单击 "均匀填充工具" 进行填充，其参数设置如图 5-81 所示，得到的图像效果如图 5-82 所示。

图5-81

图5-82

16 单击 "贝塞尔工具" 绘制人物脸蛋面积轮廓，单击 "均匀填充工具" 进行填充，其参数设置如图 5-83 所示，得到的图像效果如图 5-84 所示。

图5-83

图5-84

17 单击 "贝塞尔工具" 绘制曲线轮廓，如图 5-85 所示，单击 "轮廓笔工具"，打开 "轮廓笔" 对话框，其参数设置如图 5-86 所示，得到的图像效果如图 5-87 所示。

图5-85

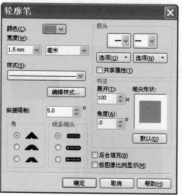

图5-86

图5-87

18 单击  "艺术笔工具"，其属性栏设置如图 5-88 所示；参照图 5-89 所示绘制图像，得到的图像最终效果如图 5-90 所示。

图5-88

图5-89

图5-90

5.3 流线型百褶裙的绘制

01 按 <Ctrl+N> 键或执行菜单栏中的"文件 > 新建"命令，系统会自动新建一个 A4 大小的空白文档。

02 单击工具箱中的  "贝塞尔工具"绘制出人物的线稿轮廓，如图 5-91 所示。单击 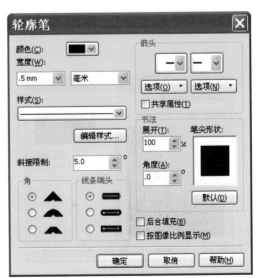 "轮廓笔工具"打开"轮廓笔"对话框，其参数设置如图 5-92 所示。

图5-91

图5-92

03 单击 "贝塞尔工具"绘制人物皮肤面积轮廓,单击 ■"均匀填充工具"进行填充,其参数设置如图 5-93 所示,得到的图像效果如图 5-94 所示。

图5-93

图5-94

04 单击 "贝塞尔工具"绘制皮肤暗部面积轮廓,暗部颜色填充如图 5-95 所示,得到的图像效果如图 5-96 所示。

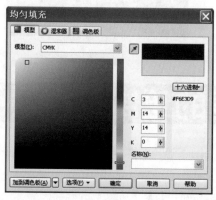

图5-95

图5-96

05 单击 "贝塞尔工具"绘制人物手套面积轮廓,单击 ■"均匀填充工具"进行填充,其参数设置如图 5-97 所示,得到的图像效果如图 5-98 所示。

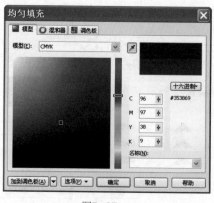

图5-97

图5-98

06 单击 "贝塞尔工具"继续绘制人物手套面积轮廓，单击 "均匀填充工具"进行填充，其参数设置如图 5-99 所示，得到的图像效果如图 5-100 所示。

图5-99

图5-100

07 单击 "贝塞尔工具"绘制人物背部面积轮廓，单击 "图样填充工具"，打开"图样填充"对话框，其参数设置如图 5-101 所示，得到的图像效果如图 5-102 所示。

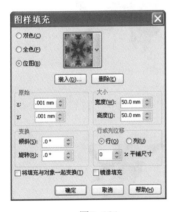

图5-101

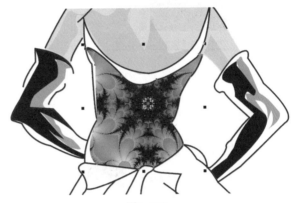

图5-102

08 单击 "贝塞尔工具"绘制蝴蝶结面积轮廓，单击 "均匀填充工具"进行填充，其参数设置如图 5-103 所示，得到的图像效果如图 5-104 所示。

图5-103

图5-104

09 单击 ✎ "贝塞尔工具"绘制蝴蝶结明暗面积轮廓,明暗部颜色填充如图 5-105~ 图 5-108 所示,得到的图像效果如图 5-109 所示。

图5-105

图5-106

图5-107

图5-108

图5-109

10 单击 ✎ "贝塞尔工具"绘制人物裙子面积轮廓,单击 ■ "均匀填充工具"进行填充,其参数设置如图 5-110 所示,得到的图像效果如图 5-111 所示。

图5-110

图5-111

11 单击 ✎ "贝塞尔工具"绘制裙子明暗面积轮廓,明暗部颜色填充如图 5-112~ 图 5-116 所示,得到的图像效果如图 5-117 所示。

图5-112

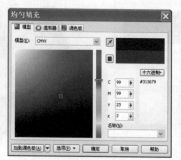

图5-113

图5-114

图5-115

图5-116

图5-117

12 单击 ⌇ "贝塞尔工具"绘制人物背部图像面积轮廓，其颜色设置如图 5-118 所示，得到的图像效果如图 5-119 所示。

图5-118

图5-119

13 单击 ⌇ "贝塞尔工具"绘制背部图像明暗面积轮廓，明暗部颜色填充如图 5-120 和图 5-121 所示，得到的图像效果如图 5-122 所示。

图5-120

图5-121

图5-122

14 单击 ⌇ "贝塞尔工具"绘制人物头发面积轮廓，单击 ■ "均匀填充工具"进行填充，其参数设置如图 5-123 所示，得到的图像效果如图 5-124 所示。

图5-123

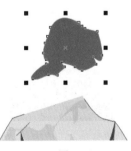
图5-124

15 单击 ✎ "贝塞尔工具"继续绘制人物头发面积轮廓，单击 ■ "均匀填充工具"进行填充，其参数设置如图 5-125 所示，得到的图像效果如图 5-126 所示。

图5-125

图5-126

16 单击 ✎ "贝塞尔工具"绘制人物头发面积轮廓，单击 ■ "均匀填充工具"进行填充，其参数设置如图 5-127 所示，得到的图像效果如图 5-128 所示。

图5-127

图5-128

17 单击 ✎ "贝塞尔工具"绘制人物头发面积轮廓，单击 ■ "均匀填充工具"进行填充，其参数设置如图 5-129 所示，得到的图像效果如图 5-130 所示。

图5-129

图5-130

18 单击 🖋 "贝塞尔工具"绘制人物头发面积轮廓，单击 ■ "均匀填充工具"进行填充，其参数设置如图 5-131 所示，得到的图像效果如图 5-132 所示。

图5-131

图5-132

19 利用同样的方法参照图 5-133 所示绘制图像，其颜色设置如图 5-134 ~ 图 5-138 所示。

图5-133

图5-134

图5-135

图5-136

图5-137

图5-138

20 单击 🖋 "艺术笔工具"，其属性栏设置如图 5-139 所示，参照图 5-140 所示在画面中绘制图像。

图5-139

图5-140

5.4 泡泡裙的绘制

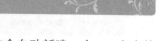

01 按 <Ctrl+N> 键或执行菜单栏中的 "文件 > 新建" 命令，系统会自动新建一个 A4 大小的空白文档。设置属性栏调整文档大小，如图 5-141 所示。

图5-141

02 执行菜单栏中的 "文件 > 导入" 命令，将随书光盘素材文件夹中名为 "5.4" 的素材图像导入该文档中调整摆放位置，如图 5-142 所示。

03 单击工具箱中的 "贝塞尔工具" 绘制出人物的线稿轮廓，如图 5-143 所示。单击 "轮廓笔工具"，打开 "轮廓笔" 对话框，其参数设置如图 5-144 所示。

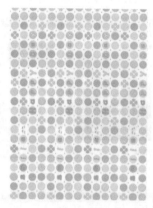

图5-142

图5-143

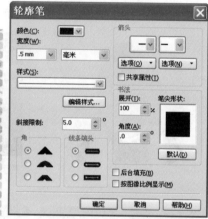

图5-144

04 单击 "贝塞尔工具" 绘制人物皮肤明暗面积轮廓，单击 "均匀填充工具" 进行填充，其参数设置如图 5-145 和图 5-146 所示，得到的图像效果如图 5-147 所示。

图5-145

图5-146

图5-147

05 绘制人物头发、鞋及上衣，如图 5-148 所示，其颜色填充为"黑色"。 单击 "贝塞尔工具"绘制人物裙子面积轮廓，单击 "均匀填充工具"进行填充，其参数设置如图 5-149 所示，得到的图像效果如图 5-150 所示。

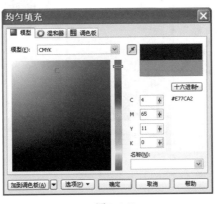

图5-148   图5-149   图5-150

06 单击 "贝塞尔工具"绘制裙子明部面积轮廓，明部颜色填充如图 5-151 所示，得到的图像效果如图 5-152 所示。

图5-151   图5-152

07 单击 "贝塞尔工具"绘制鞋明部面积轮廓，明部颜色填充如图 5-153 所示，得到的图像效果如图 5-154 所示。

图5-153   图5-154

08 参照图 5-155 所示绘制裙子，其颜色填充为"黑色"。单击 "贝塞尔工具"绘制头发明部面积轮廓，明部颜色填充如图 5-156 所示，得到的图像效果如图 5-157 所示。

图5-155

图5-156

图5-157

09 单击 "贝塞尔工具"，参照图 5-158 所示绘制上衣明暗面积轮廓，明暗颜色填充如图 5-159~图 5-161 所示。

图5-158

图5-159

图5-160

图5-161

10 绘制人物眼睛及眉毛，如图 5-162 所示，其颜色填充为"黑色"；参照图 5-163 所示继续绘制眼睛，其颜色填充为"白色"。

图5-162

图5-163

11 单击 ✎ "贝塞尔工具"绘制嘴，单击 ■ "均匀填充工具"进行填充，其参数设置如图 5-164 所示，得到的图像效果如图 5-165 所示。

图5-164

图5-165

12 单击 ✎ "贝塞尔工具"绘制嘴明部面积轮廓，明部颜色填充如图 5-166 所示，得到的图像效果如图 5-167 所示。

图5-166

图5-167

13 单击 ✐ "艺术笔工具"，其属性栏设置如图 5-168 所示，参照图 5-169 所示绘制图像。得到的图像最终效果如图 5-170 所示。

图5-168

图5-169

图5-170

01 按 <Ctrl+N> 键或执行菜单栏中的"文件 > 新建"命令，系统会自动新建一个 A4 大小的空白文档。设置属性栏调整文档大小，如图 5-171 所示。

图5-171

01 执行菜单栏中的"文件 > 导入"命令，将随书光盘素材文件夹中名为"5.5"的素材图像导入该文档中并调整摆放位置，如图 5-172 所示。

05 单击工具箱中的 🖊"贝塞尔工具"绘制出人物的线稿轮廓，如图 5-173 所示，其填充颜色为"黑色"，如图 5-174 所示。

图5-172

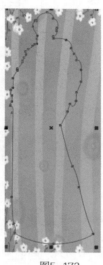

图5-173

图5-174

04 单击 🖊"贝塞尔工具"绘制人物头部装饰面积轮廓，单击 ■"均匀填充工具"进行填充，其参数设置如图 5-175 所示，得到的图像效果如图 5-176 所示。

图5-175

图5-176

05 单击 ✎ "贝塞尔工具"绘制衣服面积轮廓，单击 ⬚ "底纹填充工具"打开"底纹填充"对话框，其参数设置如图 5-177 所示，得到的图像效果如图 5-178 所示。

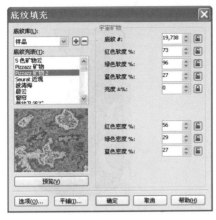

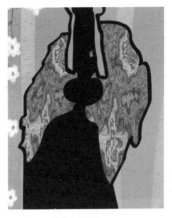

图5-177

图5-178

06 单击 ✎ "贝塞尔工具"绘制衣服面积轮廓，单击 ⬚ "均匀填充工具"进行填充，其参数设置如图 5-179 所示，得到的图像效果如图 5-180 所示。

图5-179

图5-180

07 单击 ✎ "贝塞尔工具"绘制人物皮肤面积轮廓，单击 ⬚ "均匀填充工具"进行填充，其参数设置如图 5-181 所示，得到的图像效果如图 5-182 所示。

图5-181

图5-182

08 单击 "贝塞尔工具"绘制裙子装饰面积轮廓，单击 "均匀填充工具"进行填充，其参数设置如图 5-183 所示，得到的图像效果如图 5-184 所示。

图5-183

图5-184

09 单击 "贝塞尔工具"绘制裙子装饰面积轮廓，单击 "图样填充工具"打开"图样填充"对话框，其参数设置如图 5-185 所示，得到的图像效果如图 5-186 所示。

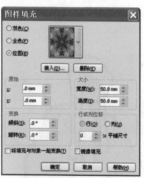

图5-185

图5-186

10 利用同样的方法参照图 5-187 所示继续绘制图像；参照图 5-188 所示绘制裙子，其颜色填充为"白色"。

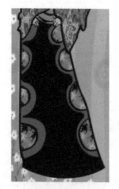

图5-187

图5-188

11 单击 "贝塞尔工具"绘制曲线轮廓，如图 5-189 所示；单击 "轮廓笔工具"，打开"轮廓笔"对话框，其参数设置如图 5-190 所示。

图5-189

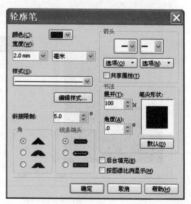

图5-190

⓬ 单击 ✎ "贝塞尔工具"绘制曲线轮廓,如图 5-191 所示;单击 🔥 "轮廓笔工具",打开"轮廓笔"对话框,其参数设置如图 5-192 所示。

⓭ 单击 ✎ "贝塞尔工具"绘制头部装饰面积轮廓,单击 ■ "均匀填充工具"进行填充,其参数设置如图 5-193 所示,得到的图像效果如图 5-194 所示。

图5-191

图5-193

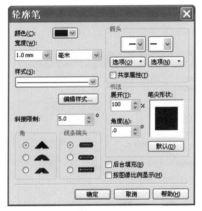

图5-192

图5-194

⓮ 利用同样的方法参照图 5-195 所示继续绘制图像。单击"贝塞尔工具"绘制头部装饰面积轮廓,单击 ■ "均匀填充工具"进行填充,其参数设置如图 5-196 所示,得到的图像效果如图 5-197 所示。

图5-195

图5-196

图5-197

15 单击 「"贝塞尔工具"继续绘制头部装饰面积轮廓，单击 ■"均匀填充工具"进行填充，其参数设置如图 5-198 所示，得到的图像效果如图 5-199 所示。

图5-198

图5-199

16 单击 「"贝塞尔工具"绘制曲线轮廓，如图 5-200 所示；单击 ♨ "轮廓笔工具"，打开"轮廓笔"对话框，其参数设置如图 5-201 所示。

图5-200

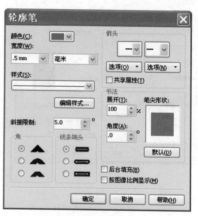

图5-201

17 单击 「"贝塞尔工具"绘制裙子装饰面积轮廓，单击 ▓ "底纹填充工具"，打开"底纹填充"对话框，其参数设置如图 5-202 所示，得到的图像效果如图 5-203 所示。

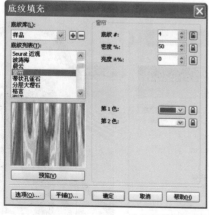

图5-202

图5-203

18 单击 ✎ "贝塞尔工具"绘制曲线轮廓，如图 5-204 所示；单击 ♨ "轮廓笔工具"，打开"轮廓笔"对话框，其参数设置如图 5-205 所示。

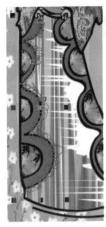

图5-204

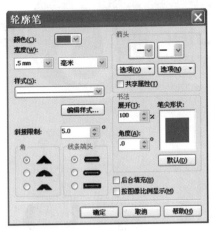

图5-205

19 单击 ✎ "贝塞尔工具"绘制曲线轮廓，如图 5-206 所示；单击 ♨ "轮廓笔工具"，打开"轮廓笔"对话框，其参数设置如图 5-207 所示。得到的图像最终效果如图 5-208 所示。

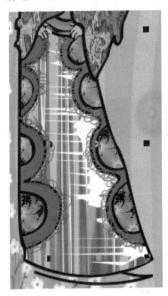

图5-206

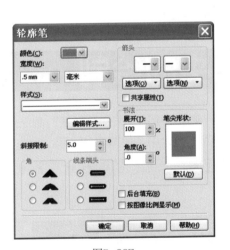

图5-207

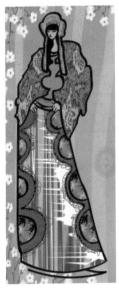

图5-208

6.1 长马夹的绘制

01 按 <Ctrl+N> 键或执行菜单栏中的"文件 > 新建"命令，系统会自动新建一个 A4 大小的空白文档。设置属性栏调整文档大小，如图 6-1 所示。

图6-1

02 执行菜单栏中的"文件 > 导入"命令，将随书光盘素材文件夹中名为"6.1"的素材图像导入该文档中并调整摆放位置，如图 6-2 所示。

03 单击工具箱中的 ✎ "贝塞尔工具"绘制出人物的线稿轮廓，如图 6-3 所示；单击 ▲ "轮廓笔工具"，打开"轮廓笔"对话框，其参数设置如图 6-4 所示。

图6-2　　　图6-3

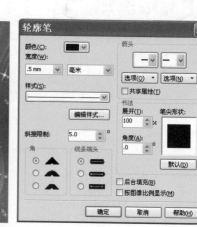

图6-4

04 单击 "贝塞尔工具"绘制人物皮肤面积轮廓，单击 ■ "均匀填充工具"进行填充，其参数设置如图 6-5 所示，得到的图像效果如图 6-6 所示。

05 单击 "贝塞尔工具"绘制头发面积轮廓，颜色填充如图 6-7 所示，得到的图像效果如图 6-8 所示。

06 单击 "贝塞尔工具"绘制人物外衣面积轮廓，单击 ■ "均匀填充工具"进行填充，其参数设置如图 6-9 所示，得到的图像效果如图 6-10 所示。

图6-5

图6-7

图6-9

图6-6

图6-8

图6-10

07 单击 "贝塞尔工具"绘制人物内衣面积轮廓，单击 ■ "均匀填充工具"进行填充，其参数设置如图 6-11 所示，得到的图像效果如图 6-12 所示。

08 单击 "贝塞尔工具"绘制短裤面积轮廓，单击 "底纹填充工具"，打开"底纹填充"对话框，其参数设置如图 6-13 所示，得到的图像效果如图 6-14 所示。

09 单击 "贝塞尔工具"绘制裤腿面积轮廓，单击 "底纹填充工具"，打开"底纹填充"对话框，其参数设置如图 6-15 所示，得到的图像效果图 6-16 所示。利用同样的方法参照图6-17所示继续绘制。

图6-11

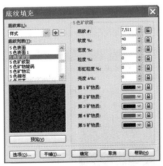

图6-13

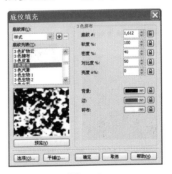

图6-15

图6-12

图6-14

图6-16　　　　图6-17

⑩ 单击 ✎ "贝塞尔工具"绘制皮肤暗部面积轮廓,暗部颜色填充如图 6-18 所示,得到的图像效果如图 6-19 所示。

图6-18

图6-19

⑪ 单击 ✎ "贝塞尔工具"绘制头发明部面积轮廓,明部颜色填充如图 6-20 所示,得到的图像效果如图 6-21 所示。

图6-20

图6-21

⑫ 单击 ✎ "贝塞尔工具"绘制外衣暗部面积轮廓,暗部颜色填充如图 6-22 所示,得到的图像效果如图 6-23 所示。

图6-22

图6-23

⑬ 单击 ✎ "贝塞尔工具"继续绘制外衣暗部面积轮廓,暗部颜色填充如图 6-24 所示,得到的图像效果如图 6-25 所示。

图6-24

图6-25

⑭ 单击 ✎ "贝塞尔工具"绘制人物眼影面积轮廓,单击 ■ "均匀填充工具"进行填充,其参数设置如图 6-26 所示,得到的图像效果如图 6-27 所示。

图6-26

图6-27

⑮ 参照图 6-28 所示绘制眼睛,其颜色填充为"黑色";参照图 6-29 所示继续绘制,其颜色填充为"白色"。

图6-28

图6-29

16 单击 ✎ "贝塞尔工具"绘制嘴的明暗面积轮廓，如图6-30所示，其颜色填充如图6-31、图6-32所示。

图6-30

图6-31

图6-32

17 单击 ✎ 贝塞尔工具"绘制内衣暗部面积轮廓,暗部颜色填充如图6-33所示，得到的图像效果如图6-34所示。

图6-33

图6-34

18 单击 ◯ "椭圆形工具"绘制多个图形,如图6-35所示，其颜色填充如图6-36所示。

图6-35

图6-36

19 单击 ✎ "贝塞尔工具"绘制鞋的面积轮廓,单击 ■ "图样填充工具"打开"图样填充"对话框,其参数设置如图6-37所示，得到的图像效果如图6-38所示。利用同样的方法绘制另一只鞋,如图6-39所示。

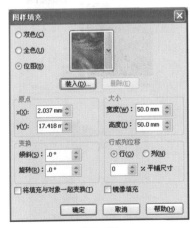

图6-37

图6-38

图6-39

20 参照图6-40所示将鞋底填充为"黑色",从而得到的图像最终效果如图6-41所示。

图6-40

图6-41

6.2 女性套装的绘制

01 按 <Ctrl+N> 键或执行菜单栏中的"文件 > 新建"命令，系统会自动新建一个 A4 大小的空白文档。设置属性栏调整文档大小，如图 6-42 所示。

图6-42

0Ӏ 执行菜单栏中的"文件 > 导入"命令，将随书光盘素材文件夹中名为"6.2"的素材图像导入该文档中并调整摆放位置，如图 6-43 所示。

图6-43

0ӟ 单击工具箱中的 "贝塞尔工具"绘制出人物的线稿轮廓，如图 6-44 所示；单击 "轮廓笔工具"，打开"轮廓笔"对话框，其参数设置如图 6-45 所示。

图6-44

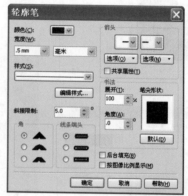

图6-45

04 单击 "艺术笔工具"，其属性栏设置如图 6-46 所示，参照图 6-47 所示绘制图像，并将该图像复制多个，如图 6-48 所示。

图6-46

图6-47

05 单击 "贝塞尔工具"绘制人物皮肤面积轮廓，单击 "均匀填充工具"进行填充，其参数设置如图 6-49 所示，得到的图像效果如图 6-50 所示。

图6-49

图6-50

06 单击 "贝塞尔工具"绘制人物头发面积轮廓，单击 "均匀填充工具"进行填充，其参数设置如图 6-51 所示，得到的图像效果如图 6-52 所示。

图6-51

图6-52

图6-48

07 单击 ✎ "贝塞尔工具"绘制人物衣服面积轮廓,单击 ■ "均匀填充工具"进行填充,其参数设置如图6-53所示,得到的图像效果如图6-54所示。

图6-53

图6-54

08 单击 ✎ "贝塞尔工具"绘制人物裙子面积轮廓,单击 ■ "均匀填充工具"进行填充,其参数设置如图6-55所示,得到的图像效果如图6-56所示。

图6-55

图6-56

09 单击 ✎ "贝塞尔工具"绘制头发明部面积轮廓,明部颜色填充如图6-57所示,得到的图像效果如图6-58所示。

图6-57

图6-58

10 单击 ✎ "贝塞尔工具"绘制皮肤暗部面积轮廓,暗部颜色填充如图6-59所示,得到的图像效果如图6-60所示。

图6-59

图6-60

11 单击 ✎ "贝塞尔工具"绘制上衣明暗部面积轮廓,如图6-61所示,其颜色填充如图6-62、图6-63所示。

图6-61

图6-62

12 单击 ✎ "贝塞尔工具"绘制衣服图像面积轮廓,单击 ■ "均匀填充工具"进行填充,其参数设置如图6-64所示,得到的图像效果如图6-65所示。

图6-63

图6-64

图6-65

13 单击 "贝塞尔工具"绘制裙子暗部面积轮廓,暗部颜色填充如图 6-66 所示,得到的图像效果如图 6-67 所示。

图6-66

图6-67

14 参照图 6-68 所示绘制鞋底,其颜色填充为"黑色"。参照图 6-69 所示绘制眼睛,并填充颜色为"黑色"。

图6-68

图6-69

15 参照图 6-70 所示继续绘制眼睛,填充颜色为"白色"。单击 "贝塞尔工具"绘制眼影面积轮廓,单击 "均匀填充工具"进行填充,其参数设置如图 6-71 所示,得到的图像效果如图 6-72 所示。

图6-70

图6-71

图6-72

16 单击 "贝塞尔工具"绘制嘴的明暗面积轮廓,如图 6-73 所示,其颜色填充如图 6-74 和图 6-75 所示。

图6-73

图6-74

图6-75

17 单击 "艺术笔工具",其属性栏设置如图 6-76 所示,参照图 6-77 和图 6-78 所示绘制鞋及上衣。得到的图像最终效果如图 6-79 所示。

图6-76

图6-77

图6-78

图6-79

CorelDRAW 服装设计完美表现技法

6.3 大格衫体形裤的绘制

01 按 <Ctrl+N> 键或执行菜单栏中的"文件 > 新建"命令，系统会自动新建一个 A4 大小的空白文档。设置属性栏调整文档大小，如图 6-80 所示。

图6-80

02 执行菜单栏中的"文件 > 导入"命令，将随书光盘素材文件夹中名为"6.3"的素材图像导入该文档中并调整摆放位置，如图 6-81 所示。

03 单击工具箱中的 "贝塞尔工具"绘制出人物的线稿轮廓，如图 6-82 所示。单击"轮廓笔工具"，打开"轮廓笔"对话框，其参数设置如图 6-83 所示。

图6-81

图6-82

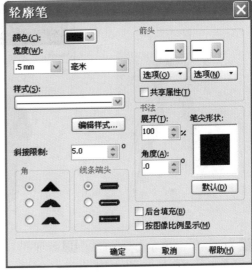

图6-83

04 单击 "贝塞尔工具"绘制人物皮肤面积轮廓，单击 "均匀填充工具"进行填充，其参数设置如图 6-84 所示，得到的图像效果如图 6-85 所示。

05 单击 "贝塞尔工具"绘制帽子及腿部面积轮廓，单击 "均匀填充工具"进行填充，其参数设置如图 6-86 所示，得到的图像效果如图 6-87 所示。

图6-84

图6-85

图6-86

图6-87

Chapter6 轻便舒适生活装的绘制

06 单击 ✎ "贝塞尔工具"绘制人物头发面积轮廓,单击 ▇ "均匀填充工具"进行填充,其参数设置如图 6-88 所示, 得到的图像效果如图 6-89 所示。

图6-88

图6-89

07 单击 ✎ "贝塞尔工具"绘制人物上衣,单击 ▇ "均匀填充工具"进行填充,其参数设置如图 6-90 所示;单击 ▦ "网格填充工具"这时出现网格,现只需填充适当颜色修饰明暗即可,如图 6-91 所示。

图6-90

图6-91

08 单击 ▽ "透明度工具",其属性栏设置如图 6-92 所示,参照图 6-93 所示进行绘制并调整图像。

图6-92

图6-93

09 单击 ✎ "贝塞尔工具"绘制人物鞋的面积轮廓,单击 ▇ "均匀填充工具"进行填充,其参数设置如图 6-94 所示, 得到的图像效果如图 6-95 所示。

图6-94

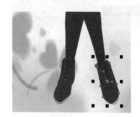

图6-95

10 参照图 6-96 所示绘制鞋底,其颜色填充为"黑色";参照图 6-97 所示绘制手套,其颜色填充为"黑色"。

图6-96

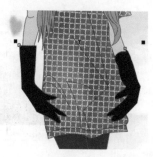

图6-97

11 单击 ✎ "贝塞尔工具"绘制皮肤暗部面积轮廓,暗部颜色填充如图 6-98 所示,得到的图像效果如图 6-99 所示。

图6-98

图6-99

12 单击 "贝塞尔工具" 绘制帽子明部面积轮廓, 明部颜色填充如图 6-100 所示, 得到的图像效果如图 6-101 所示。

图6-100

图6-101

15 单击 "贝塞尔工具" 绘制腿明部面积轮廓, 明部颜色填充如图 6-106 所示, 得到的图像效果如图 6-107 所示。

图6-106

图6-107

13 单击 "贝塞尔工具" 绘制头发明部面积轮廓, 明部颜色填充如图 6-102 所示, 得到的图像效果如图 6-103 所示。

图6-102

图6-103

16 单击 "贝塞尔工具" 绘制鞋明部面积轮廓, 明部颜色填充如图 6-108 所示, 得到的图像效果如图 6-109 所示。

图6-108

图6-109

14 单击 "贝塞尔工具" 绘制手套明部面积轮廓, 明部颜色填充如图 6-104 所示, 得到的图像效果如图 6-105 所示。

图6-104

图6-105

17 参照图 6-110 所示绘制人物眼睛, 其颜色填充为 "黑色"; 单击 "贝塞尔工具" 绘制人物眼影面积轮廓, 单击 "均匀填充工具" 进行填充, 其参数设置如图 6-111 所示, 得到的图像效果如图 6-112 所示。

图6-110

图6-111

图6-112

18 参照图 6-113 所示继续绘制眼睛，其颜色填充为"白色"；参照图 6-114 所示将眼睛水平镜像复制。

图6-113

图6-114

19 单击 ✎ "贝塞尔工具"绘制嘴部明暗面积轮廓，如图 6-115 所示，其颜色填充如图 6-11 和图 6-117 所示。

图6-115

图6-116

图6-117

20 单击 ✎ "艺术笔工具"，其属性栏设置如图 6-118 所示，参照图 6-119 所示继续绘制图像。得到的图像最终效果如图 6-120 所示。

图6-118

图6-119

图6-120

6.4 小衫短裙的绘制

01 按 <Ctrl+N> 键或执行菜单栏中的"文件 > 新建"命令，系统会自动新建一个 A4 大小的空白文档。设置属性栏调整文档大小，如图 6-121 所示。

图6-121

02 执行菜单栏中的"文件 > 导入"命令，将随书光盘素材文件夹中名为"6.4"的素材图像导入该文档中并调整摆放位置，如图 6-122 所示。

图6-122

03 单击工具箱中的 "贝塞尔工具"绘制出人物的线稿轮廓，如图 6-123 所示。单击"轮廓笔工具"，打开"轮廓笔"对话框，其参数设置如图 6-124 所示。

图6-123

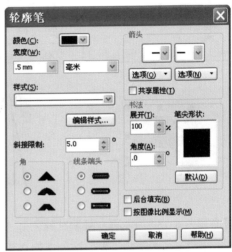

图6-124

04 单击 "贝塞尔工具"绘制人物皮肤面积轮廓，单击 "均匀填充工具"进行填充，其参数设置如图 6-125 所示，得到的图像效果如图 6-126 所示。

05 单击 "贝塞尔工具"绘制衣服图像面积轮廓，单击 "底纹填充工具"，打开"底纹填充"对话框，其参数设置如图 6-127 所示，得到的图像效果如图 6-128 所示。

图6-125

图6-126

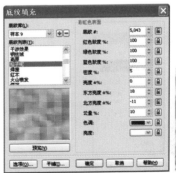

图6-127

图6-128

06 单击 ＂贝塞尔工具＂绘制帽子面积轮廓,单击 ＂底纹填充工具＂,打开＂底纹填充＂对话框,其参数设置如图6-129所示,得到的图像效果如图6-130所示。

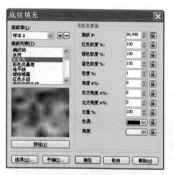

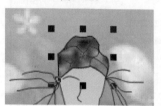

图6-129

图6-130

07 单击 ＂贝塞尔工具＂绘制衣服图像面积轮廓,单击＂底纹填充工具＂,打开＂底纹填充＂对话框,其参数设置如图6-131所示,得到的图像效果如图6-132所示。

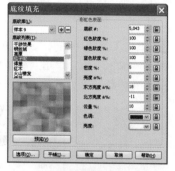

图6-131

图6-132

08 单击 ＂贝塞尔工具＂绘制衣服图像面积轮廓,单击＂底纹填充工具＂,打开＂底纹填充＂对话框,其参数设置如图6-133所示,得到的图像效果如图6-134所示。利用同样的方法继续绘制图像,如图6-135所示。

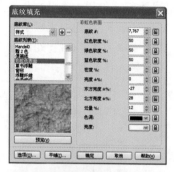

图6-133

图6-134 图6-135

09 参照图6-136所示将衣袖填充颜色为＂白色＂,单击 ＂贝塞尔工具＂绘制人物衣袖面积轮廓,单击 ＂均匀填充工具＂进行填充,其参数设置如图6-137所示,得到的图像效果如图6-138所示。

图6-136 图6-138

图6-137

10 单击 ＂透明度工具＂,其属性栏设置如图6-139所示,参照图6-140所示绘制调整图像。利用同样的方法绘制另一只衣袖,如图6-141所示。

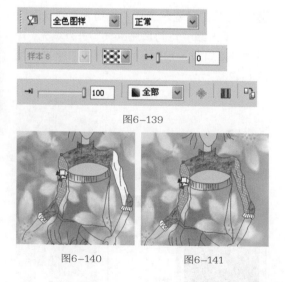

图6-139

图6-140 图6-141

11 参照图 6-142 所示将衣服局部填充为"白色"，单击 ✎ "贝塞尔工具"绘制图像面积轮廓，单击 ■ "底纹填充工具"，打开"底纹填充"对话框，其参数设置如图 6-143 所示，得到的图像效果如图 6-144 所示。

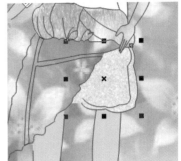

图6-142　　　　　　　　　　图6-143　　　　　　　　　　图6-144

12 单击 ✎ "贝塞尔工具"绘制袖口暗部面积轮廓，暗部颜色填充如图 6-145 所示，得到的图像效果如图 6-146 所示。

图6-145　　　　　　　　　　　　　图6-146

13 单击 ✎ "贝塞尔工具"绘制图像面积轮廓，单击 ▓ "底纹填充工具"，打开"底纹填充"对话框，其参数设置如图 6-147 所示，得到的图像效果如图 6-148 所示。

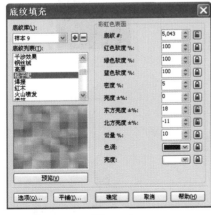

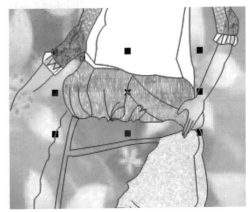

图6-147　　　　　　　　　　　图6-148

14 单击 "贝塞尔工具" 绘制图像面积轮廓,单击 "图样填充工具",打开"图样填充"对话框,其参数设置如图6-149所示,得到的图像效果如图6-150所示。

15 单击 "粗糙笔刷工具",其属性栏设置如图6-151所示,参照图6-152所示绘制图像;单击 "贝塞尔工具"绘制图像面积轮廓,单击 "底纹填充工具",打开"底纹填充"对话框,其参数设置如图6-153所示,得到的图像效果如图6-154所示。

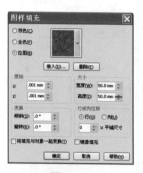

图6-149

图6-150

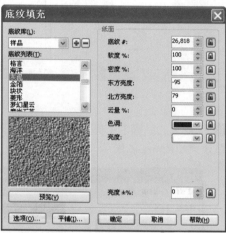

图6-151

图6-152

图6-154

图6-153

16 单击 "贝塞尔工具"绘制图像面积轮廓,单击 "图样填充工具",打开"图样填充"对话框,其参数设置如图6-155所示,得到的图像效果如图6-156所示。

17 单击 "贝塞尔工具"绘制皮肤暗部面积轮廓,暗部颜色填充如图6-157所示,得到的图像效果如图6-158所示。

18 单击 "贝塞尔工具"绘制衣服面积轮廓,单击 "均匀填充工具"进行填充,其参数设置如图6-159所示,得到的图像效果如图6-160所示。

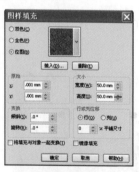

图6-155

图6-157

图6-159

图6-156

图6-158

图6-160

19 单击 🗹 "透明度工具"，其属性栏设置如图 6-161 所示，参照图 6-162 所示进行绘制并调整图像。

图6-161

图6-162

20 参照图 6-163 所示将鞋填充为"白色"，单击 🖋 "贝塞尔工具"绘制嘴明暗面积轮廓，如图 6-164 所示，其颜色填充如图 6-165 和图 6-166 所示。

图6-163

图6-164

图6-165

图6-166

21 参照图 6-167 所示将人物眼睛填充为"黑色"，参照图 6-168 所示继续绘制眼睛，其颜色填充为"白色"。

22 单击 🖋 "贝塞尔工具"绘制人物眼影面积轮廓，单击 ■ "均匀填充工具"进行填充，其参数设置如图 6-169 所示，得到的图像效果如图 6-170 所示。

23 单击 🖋 "贝塞尔工具"绘制手臂皮肤明暗面积轮廓，如图 6-171 所示，其颜色设置如图 6-172 和图 6-173 所示。

图6-171

图6-167

图6-169

图6-172

图6-168

图6-170

图6-173

14 单击 "贝塞尔工具"绘制图像面积轮廓,单击 "图样填充工具",打开"图样填充"对话框,其参数设置如图6-174所示,得到的图像效果如图6-175所示。

15 单击 "贝塞尔工具"绘制图像面积轮廓,单击 "底纹填充工具",打开"底纹填充"对话框,其参数设置如图6-176所示,得到的图像效果如图6-177所示。

16 单击 "贝塞尔工具"绘制曲线轮廓,如图6-178所示,单击 "轮廓笔工具",打开"轮廓笔"对话框,其参数设置如图6-179所示。

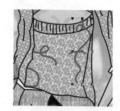
图6-178

图6-174

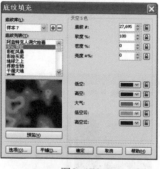
图6-176

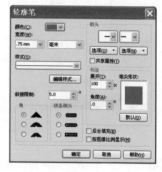
图6-179

图6-175

图6-177

17 单击 "贝塞尔工具"绘制曲线轮廓,如图6-180所示,单击 "轮廓笔工具",打开"轮廓笔"对话框,其参数设置如图6-181所示。

18 单击 "贝塞尔工具"绘制头发明暗面积轮廓,如图6-182所示,其颜色设置如图6-183和图6-184所示。

图6-182

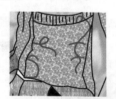
图6-180

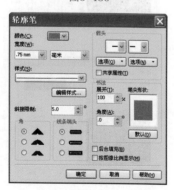
图6-181

图6-183

图6-184

19 单击 ✎ "艺术笔工具"，其属性栏设置如图 6-185 所示，参照图 6-186 所示进行绘制并调整图像；继续单击该工具，其属性栏设置如图 6-187 所示，参照图 6-188 所示进行绘制并调整图像。

图6-185

图6-187

图6-186

图6-188

30 单击 ✎ "贝塞尔工具"绘制图像面积轮廓，单击 ■ "均匀填充工具"进行填充，其参数设置如图 6-189 所示，得到的图像效果如图 6-190 所示。参照图 6-191 所示将图像复制多个，得到的图像最终效果如图 6-192 所示。

图6-189

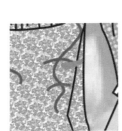

图6-190

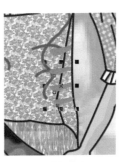

图6-191

图6-192

6.5 低胸七分裤的绘制

01 按 <Ctrl+N> 键或执行菜单栏中的"文件 > 新建"命令，系统会自动新建一个 A4 大小的空白文档。设置属性栏调整文档大小，如图 6-193 所示。

图6-193

02 执行菜单栏中的"文件 > 导入"命令，将随书光盘素材文件夹中名为"6.5"的素材图像导入该文档中调整摆放位置，如图 6-194 所示。

03 单击工具箱中的 ✎ "贝塞尔工具"绘制出人物的线稿轮廓，如图 6-195 所示。单击"轮廓笔工具"，打开"轮廓笔"对话框，其参数设置如图 6-196 所示。

图6-194

图6-195

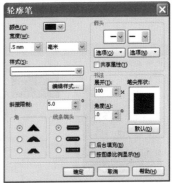

图6-196

04 单击 ↘ "贝塞尔工具"绘制人物皮肤面积轮廓，单击 ■ "均匀填充工具"进行填充，其参数设置如图 6-197 所示，得到的图像效果如图 6-198 所示。

05 单击 ↘ "贝塞尔工具"绘制皮肤暗部面积轮廓，暗部颜色填充如图 6-199 所示，得到的图像效果如图 6-200 所示。

图6-197

图6-199

图6-198

图6-200

06 参照图 6-201 所示绘制人物头发，其颜色填充为"黑色"。参照图 6-202 所示绘制头发明暗面积轮廓，其颜色设置如图 6-203~ 图 6-206 所示。

图6-201

图6-202

图6-203

图6-204

图6-205

图6-206

07 参照图 6-207 所示绘制人物眼睛，并填充为"黑色"；继续参照图 6-208 所示绘制眼睛，其颜色设置为"白色"。

08 单击 "贝塞尔工具"绘制人物嘴面积轮廓，单击 "均匀填充工具"进行填充，其参数设置如图 6-209 所示，得到的图像效果如图 6-210 所示。

图6-207

图6-208

图6-209

图6-210

09 单击 "贝塞尔工具"绘制嘴的明暗面积轮廓，如图 6-211 所示，其颜色填充如图 6-212~图 6-214 所示。

图6-211

图6-212

图6-213

图6-214

10 单击 "贝塞尔工具"绘制人物手镯面积轮廓，单击 "均匀填充工具"进行填充，其参数设置如图 6-215 所示，得到的图像效果如图 6-216 所示。

11 单击 "贝塞尔工具"绘制短裤面积轮廓，单击 "均匀填充工具"进行填充，其参数设置如图 6-217 所示，得到的图像效果如图 6-218 所示。

图6-217

图6-215

图6-216

图6-218

12 单击 ﹨ "贝塞尔工具"绘制短裤的明暗面积轮廓,如图 6-219 所示,其颜色填充如图 6-220、图 6-221 所示。

图6-219

图6-220

图6-221

13 单击 ﹨ "贝塞尔工具"绘制图像面积轮廓,单击 ▇ "均匀填充工具"进行填充,其参数设置如图 6-222 所示,得到的图像效果如图 6-223 所示。

图6-222

图6-223

14 单击 ﹨ "贝塞尔工具"绘制图像明部面积轮廓,明部颜色填充如图 6-224 所示,得到的图像效果如图 6-225 所示。

图6-224

图6-225

15 单击 ﹨ "贝塞尔工具"绘制衣服面积轮廓,单击 ▨ "底纹填充工具",打开"底纹填充"对话框,其参数设置如图 6-226 所示,得到的图像效果如图 6-227 所示。利用同样的方法,参照图 6-228 所示继续绘制图像。

图6-226

图6-227

图6-228

16 单击 "贝塞尔工具" 绘制图像面积轮廓,单击 "底纹填充工具",打开 "底纹填充" 对话框,其参数设置如图6-229所示,得到的图像效果如图6-230所示。利用同样的方法,参照图6-231所示继续绘制图像。

图6-229

图6-230

图6-231

17 单击 "贝塞尔工具" 绘制衣服面积轮廓,单击 "均匀填充工具" 进行填充,其参数设置如图6-232所示,得到的图像效果如图6-233所示。

图6-232

图6-233

18 单击 "贝塞尔工具" 绘制衣服明暗面积轮廓,明暗颜色填充如图6-234和图6-235所示,得到的图像效果如图6-236所示。

图6-234

图6-235

图6-236

19 单击 "贝塞尔工具" 绘制图像面积轮廓,单击 "底纹填充工具",打开 "底纹填充" 对话框,其参数设置如图6-237所示,得到的图像效果如图6-238所示。

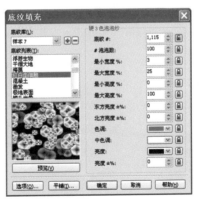

图6-237

图6-238

10 单击 ▶ "贝塞尔工具"绘制靴子面积轮廓，单击 ■ "均匀填充工具"进行填充，其参数设置如图 6-239 所示，得到的图像效果如图 6-240 所示。

图6-239

图6-240

11 单击 ▶ "贝塞尔工具"绘制靴子明暗面积轮廓，明暗颜色填充如图 6-241 和图 6-242 所示，得到的图像效果如图 6-243 所示。

图6-241

图6-242

图6-243

12 参照图 6-244 所示将靴底填充为"黑色"。单击 ▶ "贝塞尔工具"绘制靴底明部面积轮廓，明部颜色填充如图 6-245 所示，得到的图像效果如图 6-246 所示。得到的图像最终效果如图 6-247 所示。

图6-244

图6-246

图6-245

图6-247

6.6 休闲便装的绘制

01 按 <Ctrl+N> 键或执行菜单栏中的"文件 > 新建"命令，系统会自动新建一个 A4 大小的空白文档。设置属性栏调整文档大小，如图 6-248 所示。

图6-248

02 执行菜单栏中的"文件 > 导入"命令，将随书光盘素材文件夹中名为"6.6"的素材图像导入该文档中调整摆放位置，如图 6-249 所示。

图6-249

03 单击工具箱中的 "贝塞尔工具"绘制出人物的线稿轮廓，如图 6-250 所示；单击"轮廓笔工具"，打开"轮廓笔"对话框，其参数设置如图 6-251 所示。

图6-250

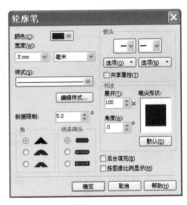

图6-251

04 单击 "贝塞尔工具"绘制人物裤子面积轮廓，单击 "均匀填充工具"进行填充，其参数设置如图 6-252 所示，得到的图像效果如图 6-253 所示。

图6-252

05 参照图 6-254 所示绘制裤子暗部面积，其颜色填充为"黑色"；单击 "贝塞尔工具"绘制帽子面积轮廓，单击 "均匀填充工具"进行填充，其参数设置如图 6-255 所示，得到的图像效果如图 6-256 所示。

图6-254

图6-255

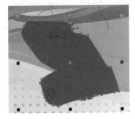

图6-253

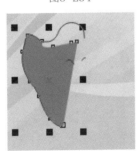

图6-256

06 单击 ✎ "贝塞尔工具"绘制帽子面积轮廓,单击■"均匀填充工具"进行填充,其参数设置如图6-257所示,得到的图像效果如图6-258所示。

07 如图6-259所示绘制帽子明暗面积轮廓,颜色填充如图6-260~图6-262所示。

图6-259

图6-260

图6-257

图6-261

图6-262

图6-258

08 参照图6-263所示绘制图像,其颜色填充为"白色";单击 ✎ "贝塞尔工具"绘制帽子面积轮廓,单击■"均匀填充工具"进行填充,其参数设置如图6-264所示,得到的图像效果如图6-265所示。

09 单击 ✎ "贝塞尔工具"继续绘制帽子面积轮廓,单击■"均匀填充工具"进行填充,其参数设置如图6-266所示,得到的图像效果如图6-267所示。

10 单击 ✎ "贝塞尔工具"绘制图像面积轮廓,单击■"均匀填充工具"进行填充,其参数设置如图6-268所示,得到的图像效果如图6-269所示。

图6-263

图6-268

图6-266

图6-264

图6-267

图6-269

图6-265

⓫ 单击 "贝塞尔工具"绘制鞋面积轮廓,单击■"均匀填充工具"进行填充,其参数设置如图6-270所示,得到的图像效果如图6-271所示。

图6-270

图6-271

⓬ 单击 "贝塞尔工具"绘制手镯面积轮廓,单击■"均匀填充工具"进行填充,其参数设置如图6-272所示,得到的图像效果如图6-273所示。

图6-272

图6-373

⓭ 单击 "贝塞尔工具"绘制手部面积轮廓,单击■"均匀填充工具"进行填充,其参数设置如图6-274所示,得到的图像效果如图6-275所示。

图6-274

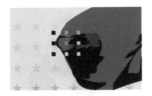

图6-275

⓮ 单击 "贝塞尔工具"绘制手套面积轮廓,单击■"均匀填充工具"进行填充,其参数设置如图6-276所示,得到的图像效果如图6-277所示。

图6-276

图6-277

⓯ 单击 "贝塞尔工具"绘制图像明暗面积轮廓,如图6-278所示,其颜色填充如图6-279、图6-280所示。

图6-278

图6-279

图6-280

⓰ 单击 "贝塞尔工具"绘制曲线轮廓,如图6-281所示;单击 "轮廓笔工具",打开"轮廓笔"对话框,其参数设置如图6-282所示。

图6-281

图6-282

17 单击 ✎ "贝塞尔工具"绘制手部面积轮廓,单击 ■ "均匀填充工具"进行填充,其参数设置如图 6-283 所示,得到的图像效果如图 6-284 所示。

18 单击 ✎ "贝塞尔工具"绘制手套面积轮廓,单击 ■ "均匀填充工具"进行填充,其参数设置如图 6-285 所示,得到的图像效果如图 6-286 所示。

19 参照图 6-287 所示绘制图像,其颜色填充为"黑色";参照图 6-288 所示绘制手指,其颜色填充为"白色"。

图6-283

图6-285

图6-287

图6-284

图6-286

图6-288

20 单击 ✎ "贝塞尔工具"绘制图像面积轮廓,单击 ■ "均匀填充工具"进行填充,其参数设置如图 6-289 所示,得到的图像效果如图 6-290 所示。

21 单击 ✎ "贝塞尔工具"绘制图像面积轮廓,单击 ■ "均匀填充工具"进行填充,其参数设置如图 6-291 所示,得到的图像效果如图 6-292 所示。

22 单击 ✎ "贝塞尔工具"绘制指甲面积轮廓,单击 ■ "均匀填充工具"进行填充,其参数设置如图 6-293 所示,得到的图像效果如图 6-294 所示。

图6-289

图6-291

图6-293

图6-290

图6-292

图6-294

13 单击 ﹂ "贝塞尔工具"绘制图像面积轮廓，单击 ■ "均匀填充工具"进行填充，其参数设置如图 6-295 所示，得到的图像效果如图 6-296 所示。

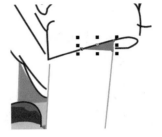

图6-295　　　　　　　　　　　　图6-296

14 参照图 6-297 所示绘制图像，其颜色填充如图 6-298~ 图 6-300 所示；参照图 6-301 所示绘制人物眼睛，其颜色设置为"黑色"；参照图 6-302 所示继续绘制眼睛，其颜色设置为"白色"。

图6-297　　　　　　　　图6-298　　　　　　　　图6-299

图6-300　　　　　　　　图6-301　　　　　　　　图6-302

15 单击 ﹂ "贝塞尔工具"，绘制曲线轮廓，如图 6-303 所示；单击 ♨ "轮廓笔工具"，打开"轮廓笔"对话框，其参数设置如图 6-304 所示。继续单击 ﹂ "贝塞尔工具"参照图 6-305 所示绘制曲线轮廓，单击 ♨ "轮廓笔工具"，打开"轮廓笔"对话框，其参数设置如图 6-306 所示。

图6-303　　　　　图6-304　　　　　　图6-305　　　　　图6-306

16 单击 ✎"贝塞尔工具"绘制人物嘴的明暗面积轮廓,如图 6-307 所示,其颜色设置如图 6-308~ 图 6-310 所示。

图6-307 图6-308

图6-309

图6-310

17 参照图 6-311 所示将人物头发填充为"黑色"。 单击 ✎"贝塞尔工具"绘制曲线轮廓,如图 6-312 所示;单击"轮廓笔工具",打开"轮廓笔"对话框,其参数设置如图 6-313 所示。

18 单击 ✎"贝塞尔工具"绘制图像面积轮廓,单击"均匀填充工具"进行填充,其参数设置如图 6-314 所示,得到的图像效果如图 6-315 所示。

图6-311

图6-312

图6-313

图6-314

图6-315

19 单击 ✎"贝塞尔工具"绘制曲线轮廓,如图 6-316 所示。单击 ✦"轮廓笔工具",打开"轮廓笔"对话框,其参数设置如图 6-317 所示;单击 ■"均匀填充工具"进行填充,其参数设置如图 6-318 所示,得到的图像效果如图 6-319 所示。

图6-316

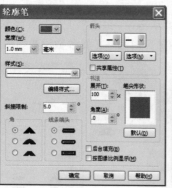
图6-317

图6-318

图6-319

30 单击 "贝塞尔工具"绘制人物上衣的明暗面积轮廓，如图 6-320 所示。其颜色设置如图 6-321 和图 6-322 所示。

图6-320

图6-321

图6-322

31 单击 "贝塞尔工具"绘制如图 6-323 所示的明暗面积轮廓，其颜色设置如图 6-324、图 6-325 所示。

图6-323

图6-324

图6-325

32 单击 "贝塞尔工具"绘制头发明部面积轮廓，明部颜色填充如图 6-326 所示，得到的图像效果如图 6-327 所示。

33 单击 "贝塞尔工具"绘制图像面积轮廓，单击 "均匀填充工具"进行填充，其参数设置如图 6-328 所示，得到的图像效果如图 6-329 所示。

图6-326

图6-328

图6-327

图6-329

34 单击"贝塞尔工具"绘制头发暗部面积轮廓，暗部颜色填充如图 6-330 所示，得到的图像效果如图 6-331 所示。

图6-330

图6-331

35 单击 "贝塞尔工具"绘制图像面积轮廓，单击 "均匀填充工具"进行填充，其参数设置如图 6-332 所示，得到的图像效果如图 6-333 所示。

图6-332

图6-333

36 单击 "贝塞尔工具"绘制人物帽子的明暗面积轮廓，如图 6-334 所示，其颜色设置如图 6-335 和图 6-336 所示。

图6-334

图6-335

图6-334

37 单击 "贝塞尔工具"绘制曲线轮廓，如图 6-337 所示。单击 "轮廓笔工具"，打开"轮廓笔"对话框，其参数设置如图 6-338 所示。

图6-337

图6-338

38 单击 "艺术笔工具"，其属性栏设置如图 6-339 所示，参照图 6-340 所示绘制图像。得到的图像最终效果如图 6-341 所示。

图6-339

图6-340

图6-341

Chapter 7 流行时尚装的绘制

7.1 露肩短裙的绘制

01 按 <Ctrl+N> 键或执行菜单栏中的"文件 > 新建"命令，系统会自动新建一个 A4 大小的空白文档。设置属性栏调整文档大小，如图 7-1 所示。

图7-1

02 执行菜单栏中的"文件 > 导入"命令，将随书光盘素材文件夹中名为"7.1"的素材图像，导入该文档中并调整摆放位置，如图 7-2 所示。

03 单击工具箱中的 "贝塞尔工具"绘制出人物的线稿轮廓，如图 7-3 所示；单击 "轮廓笔工具"，打开"轮廓笔"对话框，其参数设置如图 7-4 所示。

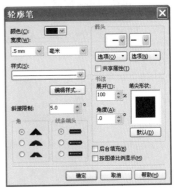

图7-2　　　　图7-3　　　　图7-4

04 单击 ⌇ "贝塞尔工具" 绘制人物皮肤面积轮廓,单击 ▮ "均匀填充工具" 进行填充,其参数设置如图 7-5 所示,得到的图像效果如图 7-6 所示。

05 参照图 7-7 所示绘制人物头发,其颜色设置为 "黑色";单击 ⌇ "贝塞尔工具" 绘制图像面积轮廓,单击 ▮ "均匀填充工具" 进行填充,其参数设置如图 7-8 所示,得到的图像效果如图 7-9 所示。

图7-7

图7-5

图7-6

图7-8

图7-9

06 单击 ⌇ "贝塞尔工具" 绘制人物裙子面积轮廓,单击 ▮ "均匀填充工具" 进行填充,其参数设置如图 7-10 所示,得到的图像效果如图 7-11 所示。

07 单击 ⌇ "贝塞尔工具" 绘制图像面积轮廓,单击 ▩ "底纹填充工具",打开 "底纹填充" 对话框,其参数设置如图 7-12 所示,得到的图像效果如图 7-13 所示。

图7-10

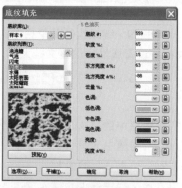

图7-12

图7-11

图7-13

08 单击 ✎ "贝塞尔工具"绘制图像面积轮廓，单击 ▓ "底纹填充工具"，打开"底纹填充"对话框，其参数设置如图 7-14 所示，得到的图像效果如图 7-15 所示。利用同样的方法，参照图 7-16 所示继续绘制图像。

图7-14

图7-15　　　　　　　　　　　图7-16

09 单击 ✎ "贝塞尔工具"绘制图像面积轮廓，单击 ▓ "均匀填充工具"进行填充，其参数设置如图 7-17 所示，得到的图像效果如图 7-18 所示。

10 单击 ✎ "贝塞尔工具"绘制皮肤暗部面积轮廓，暗部颜色填充如图 7-19 所示，得到的图像效果如图 7-20 所示。

11 单击 ✎ "贝塞尔工具"绘制裙子明部面积轮廓，明部颜色填充如图 7-21 所示，得到的图像效果如图 7-22 所示。

图7-17

图7-19

图7-21

图7-18

图7-20

图7-22

12 单击 ✎ "贝塞尔工具"绘制衣服明暗面积轮廓，如图 7-23 所示，其颜色填充如图 7-24、图 7-25 所示。

图7-23

图7-24

图7-25

13 单击 "贝塞尔工具"绘制图像面积轮廓,单击 "均匀填充工具"进行填充,其参数设置如图 7-26 所示,得到的图像效果如图 7-27 所示。

14 单击 "贝塞尔工具"绘制图像面积轮廓,单击 "均匀填充工具"进行填充,其参数设置如图 7-28 所示,得到的图像效果如图 7-29 所示。

15 参照图 7-30 所示绘制人物眼睛,其颜色为"黑色";继续参照图 7-31 所示绘制眼睛,其颜色填充为"白色"。

图7-26

图7-28

图7-30

图7-27

图7-29

图7-31

16 单击 "贝塞尔工具"绘制人物嘴的明暗面积轮廓,如图 7-32 所示,其颜色填充如图 7-33、图 7-34 所示。

17 单击 "贝塞尔工具"绘制图像的明暗面积轮廓,如图 7-35 所示,其颜色填充如图 7-36 所示。

图7-32

图7-35

图7-33

图7-34

图7-36

18 单击 ✏ "贝塞尔工具"绘制图像明部面积轮廓,明部颜色填充如图 7-37 所示,得到的图像效果如图 7-38 所示。

19 单击 ✏ "贝塞尔工具"绘制鞋暗部面积轮廓,暗部颜色填充如图 7-39 所示,得到的图像效果如图 7-40 所示。

10 单击 ✏ "贝塞尔工具"继续绘制鞋暗部面积轮廓,暗部颜色填充如图 7-41 所示,得到的图像效果如图 7-42 所示。

图7-37

图7-39

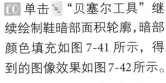

图7-41

图7-38

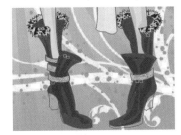

图7-40

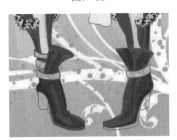

图7-42

11 参照图 7-43 所示将鞋底填充为"黑色",参照图 7-44 所示绘制图像,其颜色填充为"黑色";单击 ♉ "透明度工具",其属性栏设置如图 7-45 所示,参照图 7-46 所示绘制图像。

11 单击 ➰ "艺术笔工具",其属性栏设置如图 7-47 所示,参照图 7-48 所示进行绘制并调整图像。得到的图像最终效果如图 7-49 所示。

图7-47

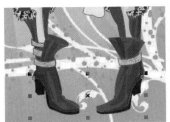 

图7-43   图7-44

图7-45

图7-46

图7-48   图7-49

7.2 吊带长裤的绘制

01 按 <Ctrl+N> 键或执行菜单栏中的"文件 > 新建"命令，系统会自动新建一个 A4 大小的空白文档。设置属性栏调整文档大小，如图 7-50 所示。

图7-50

02 执行菜单栏中的"文件 > 导入"命令，将随书光盘素材文件夹中名为"7.2"的素材图像导入该文档中并调整摆放位置，如图 7-51 所示。

03 单击工具箱中的 "贝塞尔工具"绘制出人物的线稿轮廓，如图 7-52 所示；单击 "轮廓笔工具"，打开"轮廓笔"对话框，其参数设置如图 7-53 所示。

图7-51

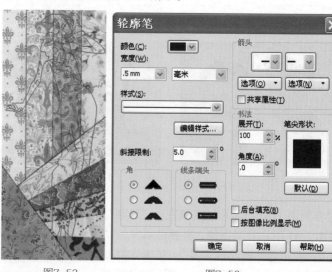

图7-52   图7-53

04 单击 "贝塞尔工具"绘制人物皮肤面积轮廓，单击 "均匀填充工具"进行填充，其参数设置如图 7-54 所示，得到的图像效果如图 7-55 所示。

05 参照图 7-56 所示绘制人物头发、鞋及衣服，其颜色设置为"黑色"；单击 "贝塞尔工具"绘制人物裤子面积轮廓，单击 "均匀填充工具"进行填充，其参数设置如图 7-57 所示，得到的图像效果如图 7-58 所示。

图7-54

图7-55

图7-56   图7-57   图7-58

06 单击 ✎ "贝塞尔工具"绘制图像面积轮廓,单击■"均匀填充工具"进行填充,其参数设置如图7-59所示,得到的图像效果如图7-60所示。

图7-59

图7-60

07 单击 ✎ "贝塞尔工具"绘制裤子的明暗面积轮廓,其颜色填充如图7-61和图7-62所示,得到的图像效果如图7-63所示。

图7-61

图7-62

图7-63

08 单击 ✎ "贝塞尔工具"绘制图像面积轮廓,单击■"均匀填充工具"进行填充,其参数设置如图7-64所示,得到的图像效果如图7-65所示。

图7-64

图7-65

09 参照图7-66所示绘制图像,其颜色填充为"黑色";单击 ✎ "贝塞尔工具"绘制图像面积轮廓,单击■"均匀填充工具"进行填充,其参数设置如图7-67所示,得到的图像效果如图7-68所示。

图7-66

图7-67

图7-68

10 单击 "贝塞尔工具"绘制图像面积轮廓,单击 "均匀填充工具"进行填充,其参数设置如图 7-69 所示,得到的图像效果如图 7-70 所示。

11 单击 "贝塞尔工具"绘制图像面积轮廓,单击 "均匀填充工具"进行填充,其参数设置如图 7-71 所示,得到的图像效果如图 7-72 所示。

12 单击 "贝塞尔工具"绘制鞋面积轮廓,单击 "均匀填充工具"进行填充,其参数设置如图 7-73 所示,得到的图像效果如图 7-74 所示。

图7-69

图7-71

图7-73

图7-70

图7-72

图7-74

13 单击 "贝塞尔工具"绘制鞋面积轮廓,单击 "均匀填充工具"进行填充,其参数设置如图 4-75 所示,得到的图像效果如图 4-76 所示。

14 参照图 7-77 所示绘制人物眼睛,其颜色为"黑色";继续参照图 7-78 所示绘制眼睛,其颜色填充为"白色"。

15 单击 "贝塞尔工具"绘制人物嘴的明暗面积轮廓,如图 7-79 所示,其颜色填充如图 7-80、图 7-81 所示。单击 "贝塞尔工具"绘制眼影,如图 7-82 所示;其颜色设置如图 7-83 所示。

图7-75

图7-77

图7-79

图7-76

图7-78

图7-80

图7-81   图7-82   图7-83

16 单击 "贝塞尔工具"绘制图像面积轮廓，单击 "均匀填充工具"进行填充，其参数设置如图 7-84 所示，得到的图像效果如图 7-85 所示。如图 7-86 所示将图像复制，颜色更改为如图 7-87 所示。

图7-84   图7-85   图7-86   图7-87

17 单击 "贝塞尔工具"绘制图像面积轮廓，单击 "均匀填充工具"进行填充，其参数设置如图 7-88 所示，得到的图像效果如图 7-89 所示。如图 7-90 所示将图像复制，其颜色更改为如图 7-91 所示。

图7-88   图7-89   图7-90   图7-91

18 单击 "贝塞尔工具"绘制皮肤暗部面积轮廓，暗部颜色填充如图 7-92 所示，得到的图像效果如图 7-93 所示 。

图7-92   图7-93

[19] 单击 "贝塞尔工具" 绘制衣服明部面积轮廓，明部颜色填充如图 7-94 所示，得到的图像效果如图 7-95 所示。

[20] 单击 "贝塞尔工具" 绘制头发明部面积轮廓，明部颜色填充如图 7-96 所示，得到的图像效果如图 7-97 所示。得到的图像最终效果如图 7-98 所示。

图7-94

图7-96

图7-95

图7-97

图7-98

7.3 背带肥腿裤的绘制

[01] 按 <Ctrl+N> 键或执行菜单栏中的 "文件 > 新建" 命令，系统会自动新建一个 A4 大小的空白文档。设置属性栏调整文档大小，如图 7-99 所示。

图7-99

[02] 执行菜单栏中的 "文件 > 导入" 命令，将随书光盘素材文件夹中名为 "7.3" 的素材图像导入该文档中并调整摆放位置，如图 7-100 所示。

[03] 单击工具箱中的 "贝塞尔工具" 绘制出人物的线稿轮廓，如图 7-101 所示；单击 "轮廓笔工具" 打开 "轮廓笔" 对话框，其参数设置如图 7-102 所示。

图7-100

图7-101

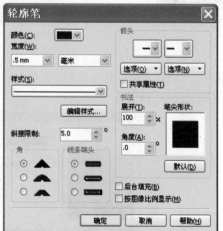

图7-102

04 单击✎"贝塞尔工具"绘制人物皮肤面积轮廓,单击■"均匀填充工具"进行填充,其参数设置如图 7-103 所示,得到的图像效果如图 7-104 所示。

图7-103

图7-104

05 单击✎"贝塞尔工具"绘制帽子面积轮廓,单击■"均匀填充工具"进行填充,其参数设置如图 7-105 所示,得到的图像效果如图 7-106 所示。

图7-105

图7-106

06 单击✎"贝塞尔工具"绘制头发面积轮廓,单击■"均匀填充工具"进行填充,其参数设置如图 7-107 所示,得到的图像效果如图 7-108 所示。

图7-107

图7-108

07 参照图 7-109 所示绘制衣服,其颜色填充为"白色"。单击✎"贝塞尔工具"绘制图像面积轮廓,单击■"均匀填充工具"进行填充,其参数设置如图 7-110 所示,得到的图像效果如图 7-111 所示。

图7-109

图7-110

图7-111

08 单击✎"贝塞尔工具"绘制图像面积轮廓,单击■"均匀填充工具"进行填充,其参数设置如图 7-112 所示,得到的图像效果如图 7-113 所示。

图7-112

图7-113

09 单击 "贝塞尔工具" 绘制图像面积轮廓，单击 "底纹填充工具"，打开 "底纹填充" 对话框，其参数设置如图 7-114 所示，得到的图像效果如图 7-115 所示。利用同样的方法，参照图 7-116 所示继续绘制图像。

10 单击 "贝塞尔工具" 绘制裤子面积轮廓，单击 "均匀填充工具" 进行填充，其参数设置如图 7-117 所示，得到的图像效果如图 7-118 所示。

11 单击 "贝塞尔工具" 绘制人物帽子的明暗面积轮廓，如图 7-119 所示，其颜色填充如图 7-120、图 7-121 所示。

图7-119

图7-117

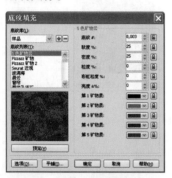

图7-114

图7-120

图7-115　　　图7-116

图7-118

图7-121

12 单击 "贝塞尔工具" 绘制人物衣服的明暗面积轮廓，如图 7-122 所示，其颜色填充如图 7-123～ 图 7-125 所示。

图7-122

图7-123

图7-124

图7-125

13 单击 ↖ "贝塞尔工具"绘制
皮肤暗部面积轮廓,暗部颜色
填充如图 7-126 所示,得到的
图像效果如图 7-127 所示。

14 单击 ↖ "贝塞尔工具"绘制人物裤子的明暗
面积轮廓,如图 7-128 所示,其颜色填充如图
7-129~ 图 7-132 所示。

图7-128

图7-126

图7-129

图7-130

图7-127

图7-131

图7-132

15 单击 ↖ "贝塞尔工具"绘
制头发明部面积轮廓,明部颜
色填充如图 7-133 所示,得到
的图像效果如图 7-134 所示。

16 参照图 7-135 所示绘制人
物眼睛,其颜色为"黑色";
继续参照图 7-136 所示绘制
眼睛,其颜色填充为"白色"。

17 单击 ↖ "贝塞尔工具"绘制
眼影面积轮廓,单击 ■ "均匀
填充工具"进行填充,其参数
设置如图 7-137 所示,得到的
图像效果如图 7-138 所示。

图7-135

图7-137

图7-133

图7-134

图7-136

图7-138

Chapter7 流行时尚装的绘制

139

18 单击 ✎ "贝塞尔工具"绘制人物嘴的明暗面积轮廓,如图 7-139 所示,其颜色填充如图 7-140 和图 7-141 所示。

图7-139

图7-140

图7-141

19 单击 ✎ "艺术笔工具",其属性栏设置如图 7-142 和图 7-143 所示,参照图 7-144 所示绘制图像。

图7-142

图7-144

图7-143

7.4 外衣两件套的绘制

01 按 <Ctrl+N> 键或执行菜单栏中的 "文件 > 新建" 命令,系统会自动新建一个 A4 大小的空白文档。设置属性栏调整文档大小,如图 7-145 所示。

图7-145

02 单击工具箱中的 ✎ "贝塞尔工具"绘制出人物的线稿轮廓,如图 7-146 所示。单击 ✎ "轮廓笔工具",打开"轮廓笔"对话框,其参数设置如图 7-147 所示。

图7-146

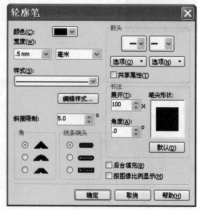
图7-147

03 单击 "贝塞尔工具" 绘制人物皮肤面积轮廓，单击 "均匀填充工具" 进行填充，其参数设置如图 7-148 所示，得到的图像效果如图 7-149 所示。

图7-148

图7-149

04 单击 "贝塞尔工具" 绘制花面积轮廓，单击 "均匀填充工具" 进行填充，其参数设置如图 7-150 所示，得到的图像效果如图 7-151 所示。

图7-150

图7-151

05 单击 "贝塞尔工具" 绘制人物头发面积轮廓，单击 "均匀填充工具" 进行填充，其参数设置如图 7-152 所示，得到的图像效果如图 7-153 所示。

图7-152

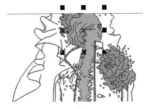

图7-153

06 单击 "贝塞尔工具" 绘制图像面积轮廓，单击 "均匀填充工具" 进行填充，其参数设置如图 7-154 所示，得到的图像效果如图 7-155 所示。

图7-154

图7-155

07 单击 "贝塞尔工具" 绘制图像面积轮廓，单击 "均匀填充工具" 进行填充，其参数设置如图 7-156 所示，得到的图像效果如图 7-157 所示。

图7-156

图7-157

08 参照图 7-158 所示绘制图像，其颜色填充为 "黑色"。利用同样的方法，参照图 7-159 所示继续绘制图像。

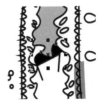

图7-158

图7-159

09 单击 ✎ "贝塞尔工具"绘制人物眼睛面积轮廓，单击 ■ "均匀填充工具"进行填充，其参数设置如图 7-160 所示，得到的图像效果如图 7-161 所示。参照图 7-162 所示继续绘制眼睛，其颜色设置为"黑色"。

10 单击 ✎ "艺术笔工具"，其属性栏设置如图 7-163 所示，参照图 7-164 所示绘制图像。再参照图 7-165 所示复制多个图像。

图7-163

图7-160

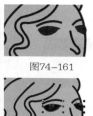

图74-161

图7-162

图7-164

图7-165

11 单击 ✎ "贝塞尔工具"绘制花明部面积轮廓，明部颜色填充如图 7-166 所示，得到的图像效果如图 7-167 所示。

12 单击 ✎ "贝塞尔工具"绘制图像面积轮廓，单击 ■ "均匀填充工具"进行填充，其参数设置如图 7-168 所示，得到的图像效果如图 7-169 所示。

13 单击 ✎ "贝塞尔工具"绘制头发暗部面积轮廓，暗部颜色填充如图 7-170 所示，得到的图像效果如图 7-171 所示。

图7-166

图7-168

图7-170

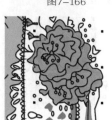

图7-167

图7-169

图7-171

14 单击 ✎ "贝塞尔工具"绘制皮肤暗部面积轮廓，暗部颜色填充如图 7-172 所示，得到的图像效果如图 7-173 所示。

图7-172

图7-173

15 单击 ↖ "贝塞尔工具"继续绘制花明暗部面积轮廓，其颜色填充如图 7-174 所示，得到的图像效果如图 7-175 所示。利用同样的方法，参照图 7-176 所示继续绘制图像。

图7-174

图7-175

图7-176

16 单击 ↖ "贝塞尔工具"绘制人物嘴的明暗面积轮廓，如图 7-177 所示，其颜色填充如图 7-178、图 7-179 所示。

图7-177

图7-178

图7-179

17 单击 ↖ "艺术笔工具"，其属性栏设置如图 7-180 所示，参照图 7-181 所示绘制图像。

图7-180

图7-181

01 按 <Ctrl+N> 键或执行菜单栏中的"文件 > 新建"命令，系统会自动新建一个 A4 大小的空白文档。设置属性栏调整文档大小，如图 7-182 所示。

图7-182

02 单击工具箱中的 "贝塞尔工具"绘制出人物的线稿轮廓；如图 7-183 所示。单击 "轮廓笔工具"，打开"轮廓笔"对话框，其参数设置如图 7-184 所示。

03 单击 "贝塞尔工具"绘制人物皮肤面积轮廓，单击 "均匀填充工具"进行填充，其参数设置如图 7-185 所示，得到的图像效果如图 7-186 所示。

图7-183

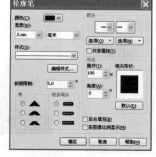
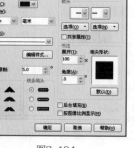

图7-184

图7-185　　　　　　图7-186

04 单击 "贝塞尔工具"绘制衣服面积轮廓，单击 "均匀填充工具"进行填充，其参数设置如图 7-187 所示，得到的图像效果如图 7-188 所示。

05 单击 "贝塞尔工具"绘制包面积轮廓，单击 "均匀填充工具"进行填充，其参数设置如图 7-189 所示，得到的图像效果如图 7-190 所示。

图7-187　　　　　　图7-188

图7-189　　　　　　图7-190

06 参照图 7-191 所示绘制人物衣服及鞋，其颜色填充为"黑色"；单击 "贝塞尔工具"绘制腿的面积轮廓，单击 "均匀填充工具"进行填充，其参数设置如图 7-192 所示，得到的图像效果如图 7-193 所示。利用同样的方法，参照图 7-194 所示绘制另一条腿。

图7-191

图7-192

图7-193

图7-194

07 单击 "贝塞尔工具" 绘制头发面积轮廓，单击 "均匀填充工具" 进行填充，其参数设置如图7-195所示，得到的图像效果如图7-196所示。

08 单击 "贝塞尔工具" 绘制头发明暗部面积轮廓，明暗部颜色填充如图7-197所示，得到的图像效果如图7-198所示。

09 单击 "贝塞尔工具" 继续绘制头发明暗部面积轮廓，明暗部颜色填充如图7-199所示，得到的图像效果如图7-200所示。

图7-195

图7-197

图7-199

图7-196

图7-198

图7-200

10 参照图7-201所示绘制鞋，其颜色设置为"白色"；单击 "贝塞尔工具" 绘制鞋暗部面积轮廓，暗部颜色填充如图7-202所示，得到的图像效果如图7-203所示 .。

图7-201

图7-202

图7-203

11 单击 "贝塞尔工具" 绘制图像面积轮廓，单击 "均匀填充工具" 进行填充，其参数设置如图7-204所示，得到的图像效果如图7-205所示。

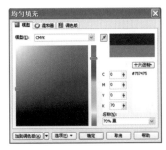

图7-204

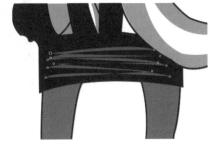

图7-205

12 单击 ↖ "贝塞尔工具"绘制图像面积轮廓，单击 ■ "均匀填充工具"进行填充，其参数设置如图 7-206 所示，得到的图像效果如图 7-207 所示。

图7-206

图7-207

13 单击 ↖ "贝塞尔工具"绘制腿暗部面积轮廓，暗部颜色填充如图 7-208 所示，得到的图像效果如图 7-209 所示 。。

图7-208

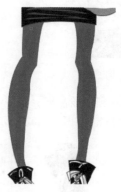

图7-209

14 单击 ↘ "艺术笔工具"，其属性栏设置如图 7-210 所示，参照图 7-211 所示绘制图像。更改属性栏设置如图 7-212 所示，参照图 7-213 所示绘制图像。

图7-210

图7-211

图7-212

图7-213

Chapter  职场女装的绘制

8.1 连体职业裙装的绘制

01 按 <Ctrl+N> 键或执行菜单栏中的"文件 > 新建"命令，系统会自动新建一个 A4 大小的空白文档。设置属性栏调整文档大小，如图 8-1 所示。

02 执行菜单栏中的"文件 > 导入"命令，将随书光盘素材文件夹中名为"8.1"的素材图像，导入该文档中并调整摆放位置，如图 8-2 所示。

图8-1

图8-2

147

03 单击工具箱中的 ↖ "贝塞尔工具"绘制出人物的线稿轮廓，如图 8-3 所示。单击 ↖ "贝塞尔工具"绘制皮肤的明暗面积轮廓，其颜色填充如图 8-4、图 8-5 所示，得到的图像效果如图 8-6 所示。

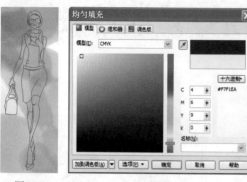

图8-3　　　　　　图8-4　　　　　　　　　　图8-5　　　　　　　图8-6

04 单击 ↖ "贝塞尔工具"绘制衣裙面积轮廓，单击 ■ "均匀填充工具"进行填充，其参数设置如图 8-7 所示，得到的图像效果如图 8-8 所示。

05 单击 ↖ "贝塞尔工具"绘制人物头发面积轮廓，单击 ■ "均匀填充工具"进行填充，其参数设置如图 8-9 所示，得到的图像效果如图 8-10 所示。

图8-7　　　　　　　图8-8　　　　　　　图8-9　　　　　　图8-10

06 单击 ◎ "基本形状工具"，其属性栏设置如图 8-11 所示，参照图 8-12 所示绘制图像；右键单击调色板中的 ⊠ 按钮，去除对象轮廓色；单击 ■ "均匀填充工具"进行填充，其参数设置如图 8-13 所示，得到的图像效果如图 8-14 所示。参照图 8-15 所示复制图像。

图8-11

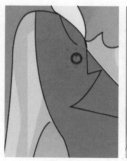

图8-12　　　　　　　图8-13　　　　　　　图8-14　　　　　图8-15

07 单击 ↘ "贝塞尔工具" 绘制鞋面积轮廓，单击 ■ "均匀填充工具" 进行填充，其参数设置如图 8-16 所示，得到的图像效果如图 8-17 所示。

图8-16

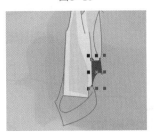

图8-17

08 单击 ↘ "贝塞尔工具" 绘制鞋面积轮廓，单击 ■ "均匀填充工具" 进行填充，其参数设置如图 8-18 所示，得到的图像效果如图 8-19 所示。

图8-18

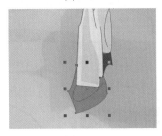

图8-19

09 单击 ↘ "贝塞尔工具" 绘制图像面积轮廓，单击 ■ "图样填充工具"，打开 "图样填充" 对话框，其参数设置如图 8-20 所示，得到的图像效果如图 8-21 所示。

图8-20

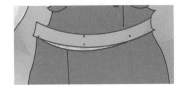

图8-21

10 单击 ↘ "贝塞尔工具" 绘制腰带面积轮廓，单击 ■ "均匀填充工具" 进行填充，其参数设置如图 8-22 所示，得到的图像效果如图 8-23 所示。

图8-22

图8-23

11 单击 ↘ "贝塞尔工具" 绘制丝巾面积轮廓，单击 ■ "均匀填充工具" 进行填充，其参数设置如图 8-24 所示，得到的图像效果如图 8-25 所示。

图8-24

图8-25

12 单击 ↘ "贝塞尔工具" 绘制包面积轮廓，单击 ■ "均匀填充工具" 进行填充，其参数设置如图 8-26 所示，得到的图像效果如图 8-27 所示。

图8-26

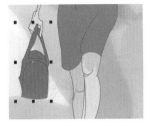

图8-27

13 单击 ↖ "贝塞尔工具"绘制太阳镜面积轮廓,单击 ■ "均匀填充工具"进行填充,其参数设置如图 8-28 所示,得到的图像效果如图 8-29 所示。

图8-28   图8-29

14 单击 ↖ "贝塞尔工具"绘制人物头发明暗面积轮廓,如图 8-30 所示,其颜色设置如图 8-31~图 8-35 所示。

图8-30   图8-31   图8-32

图8-33   图8-34   图8-35

15 单击 ↖ "贝塞尔工具"绘制鞋明暗面积轮廓,如图 8-36 所示,其颜色设置如图 8-37~ 图 8-39 所示。

图8-36   图8-37   图8-38   图8-39

16 单击 ✎ "贝塞尔工具"绘制衣裙明暗面积轮廓,如图 8-40 所示,其颜色设置如图 8-41~ 图 8-43 所示。

图8-40 图8-41 图8-42 图8-43

17 单击 ✎ "贝塞尔工具"绘制图像面积轮廓,单击 ■ "图样填充工具",打开"图样填充"对话框,其参数设置如图 8-44 所示,得到的图像效果如图 8-45 所示。利用同样的方法,参照图 8-46 所示绘制图像。

 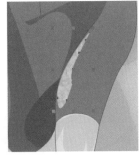 

图8-44 图8-45 图8-46

18 单击 ✎ "贝塞尔工具"绘制丝巾明暗面积轮廓,如图 8-47 所示,其颜色设置如图 8-48~ 图 8-50 所示。

图8-47 图8-48 图8-49 图8-50

19 单击 ✎ "贝塞尔工具"绘制包的明暗面积轮廓,如图 8-51 所示,其颜色设置如图 8-52~ 图 8-54 所示。

图8-51 图8-52 图8-53 图8-54

10 参照图 8-55 所示绘制图像，其颜色设置为"黑色"；单击 ✎ "贝塞尔工具"绘制图像面积轮廓，单击 ▣ "图样填充工具"，打开"图样填充"对话框，其参数设置如图 8-56 所示，得到的图像效果如图 8-57 所示。

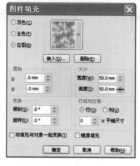

图8-55 　　　　　　　　图8-56 　　　　　　　　图8-57

11 单击 ✎ "贝塞尔工具"绘制太阳镜明暗面积轮廓，如图 8-58 所示，其颜色设置如图 8-59~图 8-62 所示。

图8-58 　　　　　　　　　　图8-59

图8-60 　　　　　　　图8-61 　　　　　　　图8-62

11 单击 ✎ "贝塞尔工具"绘制嘴明暗面积轮廓，如图 8-63 所示，其颜色设置如图 8-64 和图 8-65 所示。

图8-63 　　　　　　　图8-64 　　　　　　　图8-65

[5] 单击  "艺术笔工具"，其属性栏设置如图 8-66 所示，参照图 8-67 所示绘制图像，将绘制好的图像参照图 8-68 所示复制多个。

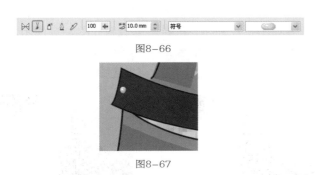

图8-66

图8-67

图8-68

[01] 按 <Ctrl+N> 键或执行菜单栏中的"文件 > 新建"命令，系统会自动新建一个 A4 大小的空白文档。设置属性栏调整文档大小，如图 8-69 所示。

图8-69

[02] 单击工具箱中的"贝塞尔工具"绘制出人物的线稿轮廓，如图 8-70 所示；单击"轮廓笔工具"，打开"轮廓笔"对话框，其参数设置如图 8-71 所示。

[03] 单击  "贝塞尔工具"绘制皮肤的明暗面积轮廓，如图 8-72 所示，其颜色填充如图 8-73 和图 8-74 所示。

图8-73

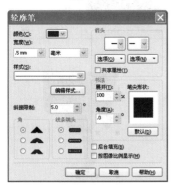

图8-70

图8-72

图8-71

图8-74

04 单击 "贝塞尔工具"绘制头发面积轮廓,单击 "均匀填充工具"进行填充,其参数设置如图 8-75 所示,得到的图像效果如图 8-76 所示。

05 单击 "贝塞尔工具"绘制外衣面积轮廓,单击 "均匀填充工具"进行填充,其参数设置如图 8-77 所示,得到的图像效果如图 8-78 所示。

06 单击 "贝塞尔工具"绘制包袋面积轮廓,单击 "均匀填充工具"进行填充,其参数设置如图 8-79 所示,得到的图像效果如图 8-80 所示。

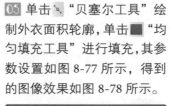

图8-75

图8-77

图8-79

图8-76

图8-78

图8-80

07 单击 "贝塞尔工具"绘制包面积轮廓,单击 "均匀填充工具"进行填充,其参数设置如图 8-81 所示,得到的图像效果如图 8-82 所示。

08 单击 "贝塞尔工具"绘制包面积轮廓,单击 "均匀填充工具"进行填充,其参数设置如图 8-83 所示,得到的图像效果如图 8-84 所示。

09 单击 "贝塞尔工具"绘制鞋面积轮廓,单击 "均匀填充工具"进行填充,其参数设置如图 8-85 所示,得到的图像效果如图 8-86 所示。

图8-81

图8-83

图8-85

图8-82

图8-84

图8-86

10 单击 ✎ "贝塞尔工具"绘制人物头发明暗面积轮廓,如图 8-87 所示,其颜色设置如图 8-88~图 8-92 所示。

图8-87

图8-88

图8-89

图8-90

图8-91

图8-92

11 单击 ✎ "贝塞尔工具"绘制嘴明暗面积轮廓,如图 8-93 所示,其颜色设置如图 8-94 和图 8-95 所示。

图8-93

图8-94

图8-95

12 参照图 8-96 所示绘制眼睛,其颜色填充为"黑色";单击 ✎ "贝塞尔工具"绘制眼仁面积轮廓,单击 ■ "均匀填充工具"进行填充,其参数设置如图 8-97 所示,得到的图像效果如图 8-98 所示。

图8-96

图8-97

图8-98

13 参照图 8-99 所示绘制眼睛,其颜色设置为"白色";参照图 8-100 所示将绘制好的图像水平镜像复制。

图8-99

图8-100

14 单击 "贝塞尔工具"绘制人物外衣明暗面积轮廓,如图 8-101 所示,其颜色设置如图 8-102~图 8-111 所示。

图8-101

图8-102

图8-103

图8-104

图8-105

图8-106

图8-107

图8-108

图8-109

图8-110

图8-111

15 单击 ✎ "贝塞尔工具"绘制包的面积轮廓，单击 ■ "均匀填充工具"进行填充，其参数设置如图 8-112 所示，得到的图像效果如图 8-113 所示。

图8-112　　　　　　　图8-113

16 单击 ✎ "贝塞尔工具"绘制包的面积轮廓，单击 ■ "均匀填充工具"进行填充，其参数设置如图 8-114 所示，得到的图像效果如图 8-115 所示。

图8-114　　　　　　　图8-115

17 单击 ♈ "透明度工具"，其属性栏设置如图 8-116 所示，参照图 8-117 所示绘制并调整图像。

图8-116

图8-117

18 单击 ✎ "贝塞尔工具"绘制包带暗部面积轮廓，暗部颜色填充如图 8-118 所示，得到的图像效果如图 8-119 所示。

图8-118　　　　　　　图8-119

19 单击 ✎ "贝塞尔工具"绘制腰带面积轮廓，单击 ■ "图样填充工具"，打开"图样填充"对话框，其参数设置如图 8-120 所示，得到的图像效果如图 8-121 所示。

图8-120　　　　　　　图8-121

20 单击 ✎ "贝塞尔工具"绘制图像面积轮廓，单击 ■ "图样填充工具"，打开"图样填充"对话框，其参数设置如图 8-122 所示，得到的图像效果如图 8-123 所示。

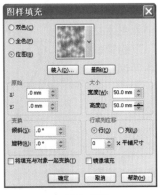

图8-122　　　　　　　图8-123

[1] 单击 ⬚ "贝塞尔工具"绘制人物鞋明暗面积轮廓，如图 8-124 所示，其颜色设置如图 8-125、图 8-126、图 8-127 所示。执行菜单栏中的"文件 > 导入"命令，将随书光盘素材文件夹中名为"8.2 的素材图像导入该文档中并调整摆放位置，从而得到图像最终效果如图 8-128 所示。

图8-124

图8-125

图8-126

图8-127

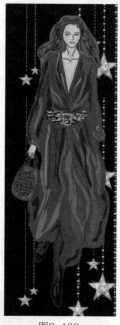

图8-128

8.3 女套装的绘制

01 按 <Ctrl+N> 键或执行菜单栏中的"文件 > 新建"命令，系统会自动新建一个 A4 大小的空白文档。设置属性栏调整文档大小，如图 8-129 所示。

图8-129

02 执行菜单栏中的"文件 > 导入"命令，将随书光盘素材文件夹中名为"8.3"的素材图像，导入该文档中并调整摆放位置，如图 8-130 所示。

03 单击工具箱中的 ⬚ "贝塞尔工具"绘制出人物的线稿轮廓，如图 8-131 所示；单击"轮廓笔工具"，打开"轮廓笔"对话框，其参数设置如图8-132 所示。

图8-130

图8-131

图8-132

04 单击 "贝塞尔工具" 绘制人物皮肤面积轮廓，单击 "均匀填充工具" 进行填充，其参数设置如图 8-133 所示，其得到的图像效果如图 8-134 所示。

图8-133

图8-134

05 参照图 8-135 所示绘制图像，其颜色设置为"黑色"；参照图 8-136 所示将图像原位置复制，颜色更改为如图 8-137 所示。

图8-135　　图8-136

图8-137

06 单击 "透明度工具"，其属性栏设置如图 8-138 所示，参照图 8-139 所示绘制并调整图像。

图8-138

图8-139

07 单击 "贝塞尔工具" 绘制衣裤面积轮廓，单击 "均匀填充工具" 进行填充，其参数设置如图 8-140 所示，得到的图像效果如图 8-141 所示。

图8-140

图8-141

08 单击 "贝塞尔工具" 绘制鞋的面积轮廓，单击 "图样填充工具"，打开"图样填充"对话框，其参数设置如图 8-142 所示，得到的图像效果如图 8-143 所示。利用同样的方法，绘制另一只鞋，如图 8-144 所示。

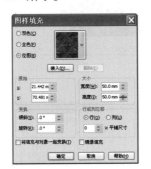

图8-142

图8-143　　图8-144

09 单击 "贝塞尔工具" 绘制人物头发面积轮廓，单击 "均匀填充工具" 进行填充，其参数设置如图 8-145 所示，得到的图像效果如图 8-146 所示。

图8-145

图8-146

10 单击 ✎ "贝塞尔工具"绘制皮肤暗部面积轮廓,暗部颜色填充如图 8-147 所示,得到的图像效果如图 8-148 所示。

11 单击 ✎ "贝塞尔工具"绘制头发明部面积轮廓,明部颜色填充如图 8-149 所示,得到的图像效果如图 8-150 所示。

图8-147

图8-148

图8-149

图8-150

12 单击 ✎ "贝塞尔工具"绘制人物衣裤明暗面积轮廓,如图 8-151 所示,其颜色设置如图 8-152~图 8-156 所示。

图8-151

图8-152

图8-153

图8-154

图8-155

图8-156

13 单击 ✎ "贝塞尔工具"绘制图像面积轮廓,单击 ■ "均匀填充工具"进行填充,其参数设置如图 8-157 所示,得到的图像效果如图 8-158 所示。

图8-157

图8-158

CorelDRAW 服装设计完美表现技法

160

⓮ 单击 🔍 "椭圆形工具" 绘制图像，如图 8-159 所示，右键单击调色板中的 ⊠ 按钮，去除对象轮廓色；单击 ▣ "图样填充工具"，打开 "图样填充" 对话框，其参数设置如图 8-160 所示，得到的图像效果如图 8-161 所示。参照图 8-162 所示复制图像。

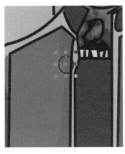
图8-159

图8-160

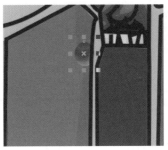
图8-161

图8-162

⓯ 参照图 8-163 所示绘制眼睛，其颜色设置为 "黑色"；参照图 8-164 所示继续绘制眼睛，设置颜色为 "白色"。

图8-163

图8-164

⓰ 单击 ✎ "贝塞尔工具" 绘制眼影面积轮廓，单击 ▣ "均匀填充工具" 进行填充，其参数设置如图 8-165 所示，得到的图像效果如图 8-166 所示；单击 ✎ "贝塞尔工具" 绘制嘴的明暗面积轮廓，如图 8-167 所示，其颜色设置如图 8-168 和图 8-169 所示。得到的图像最终效果如图 8-170 所示。

图8-165

图8-166

图8-167

图8-168

图8-169

图8-170

01 按 <Ctrl+N> 键或执行菜单栏中的"文件 > 新建"命令，系统会自动新建一个 A4 大小的空白文档。设置属性栏调整文档大小，如图 8-171 所示。

图8-171

02 执行菜单栏中的"文件 > 导入"命令，将随书光盘素材文件夹中名为"8.4"的素材图像导入该文档中并调整摆放位置，如图 8-172 所示。

03 单击工具箱中的 "贝塞尔工具"绘制出人物的线稿轮廓，如图 8-173 所示；单击 "轮廓笔工具"打开"轮廓笔"对话框，其参数设置如图 8-174 所示。

图8-172

图8-173

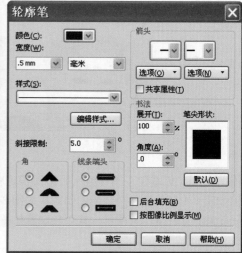

图8-174

04 单击 "贝塞尔工具"绘制人物皮肤面积轮廓，单击 "均匀填充工具"进行填充，其参数设置如图 8-175 所示，得到的图像效果如图 8-176 所示。

05 单击 "贝塞尔工具"绘制皮肤暗部面积轮廓，暗部颜色填充如图 8-177 所示，得到的图像效果如图 8-178 所示。

图8-175

图8-176

图8-177

图8-178

06 参照图 8-179 所示绘制人物头发，其颜色设置为"黑色"；参照图 8-180 所示绘制鞋，其颜色设置为"黑色"。

图8-179

图8-180

07 单击 "贝塞尔工具"绘制衣服面积轮廓，单击 "均匀填充工具"进行填充，其参数设置如图 8-181 所示，得到的图像效果如图 8-182 所示。

图8-181

图8-182

08 单击 "贝塞尔工具"绘制短裤面积轮廓，单击 "均匀填充工具"进行填充，其参数设置如图 8-183 所示，得到的图像效果如图 8-184 所示。

图8-183

图8-184

09 单击 "贝塞尔工具"绘制图像面积轮廓，单击 "底纹填充工具"，打开"底纹填充"对话框，其参数设置如图 8-185 所示，得到的图像效果如图 8-186 所示。利用同样的方法，参照图 8-187 所示继续绘制图像。

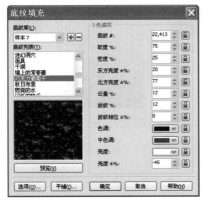

图8-185

图8-186

图8-187

10 单击 "贝塞尔工具"绘制包面积轮廓，单击 "均匀填充工具"进行填充，其参数设置如图 8-188 所示，得到的图像效果如图 8-189 所示。

图8-188

图8-189

11 单击 ✎ "贝塞尔工具"绘制衣服面积轮廓,单击 ▇ "均匀填充工具"进行填充,其参数设置如图 8-190 所示,得到的图像效果如图 8-191 所示。

12 单击 ✎ "贝塞尔工具"绘制衣服明部面积轮廓,明部颜色填充如图 8-192 所示,得到的图像效果如图 8-193 所示。

13 单击 ✎ "贝塞尔工具"绘制衣服暗部面积轮廓,暗部颜色填充如图 8-194 所示,得到的图像效果如图 8-195 所示。

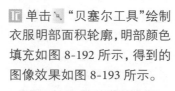

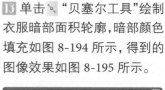

图8-190

图8-192

图8-194

图8-191

图8-193

图8-195

14 单击 ✎ "贝塞尔工具"绘制人物裤子明暗面积轮廓,如图 8-196 所示,其颜色设置如图 8-197 和图 8-198 所示。

图8-196

图8-197

图8-198

15 单击 ✎ "贝塞尔工具"绘制包的明暗面积轮廓,明暗部颜色填充如图 8-199 和图 8-200 所示,得到的图像效果如图 8-201 所示。

图8-199

图8-200

图8-201

16 单击 ✎ "贝塞尔工具"绘制图像面积轮廓,单击 ■ "均匀填充工具"进行填充,其参数设置如图 8-202 所示,得到的图像效果如图 8-203 所示。

图8-202

图8-203

17 单击 ✎ "贝塞尔工具"绘制图像面积轮廓,单击 ■ "均匀填充工具"进行填充,其参数设置如图 8-204 所示,得到的图像效果如图 8-205 所示。

图8-204

图8-205

18 单击 ✎ "贝塞尔工具"绘制图像面积轮廓,单击 ■ "均匀填充工具"进行填充,其参数设置如图 8-206 所示,得到的图像效果如图 8-207 所示。

图8-206

图8-207

19 单击 ✎ "贝塞尔工具"绘制图像面积轮廓,单击 ■ "图样填充工具",打开"图样填充"对话框,其参数设置如图 8-208 所示,得到的图像效果如图 8-209 所示。

图8-208

图8-209

20 单击 ✎ "贝塞尔工具"绘制太阳镜面积轮廓,单击 ■ "均匀填充工具"进行填充,其参数设置如图 8-210 所示,得到的图像效果如图 8-211 所示。

图8-210

图8-211

21 单击 ✎ "贝塞尔工具"绘制人物衣裤明暗面积轮廓,如图 8-212 所示,其颜色设置如图 8-213 和图 8-214 所示。

图8-212

图8-213

图8-214

图8-217

单击 "贝塞尔工具"绘制头发明部面积轮廓,明部颜色填充如图 8-215 所示,得到的图像效果如图 8-216 所示。

单击 "贝塞尔工具"绘制嘴的明暗面积轮廓,如图 8-217 所示,明暗部颜色填充如图 8-218 和图 8-219 所示。

单击 "贝塞尔工具"绘制图像面积轮廓,单击 "图样填充工具",打开"图样填充"对话框,其参数设置如图 8-220 所示,得到的图像效果如图 8-221 所示。

图8-215

图8-218

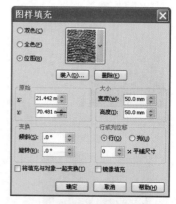

图8-220

图8-216

图8-219

图8-221

单击 "艺术笔工具",其属性栏设置如图 8-222 所示,参照图 8-223 所示绘制并调整图像。得到的图像最终效果如图 8-224 所示。

图8-222

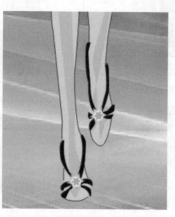

图8-223

图8-224

CorelDRAW 服装设计完美表现技法

8.5 起肩片裙的绘制

01 按 <Ctrl+N> 键或执行菜单栏中的"文件 > 新建"命令，系统会自动新建一个 A4 大小的空白文档。设置属性栏调整文档大小，如图 8-225 所示。

图8-225

02 执行菜单栏中的"文件 > 导入"命令，将随书光盘素材文件夹中名为"8.5"的素材图像导入该文档中并调整摆放位置，如图 8-226 所示。

03 单击工具箱中的 "贝塞尔工具"绘制出人物的线稿轮廓，如图 8-227 所示；单击"轮廓笔工具"，打开"轮廓笔"对话框，其参数设置如图 8-228 所示。

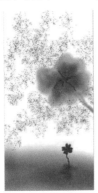

图8-226

图8-227

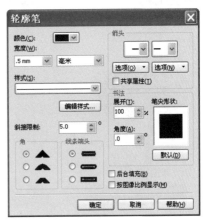

图8-228

04 单击 "贝塞尔工具"绘制皮肤明暗面积轮廓，其颜色设置如图 8-229 和图 8-230 所示，得到的图像效果如图 8-231 所示。

05 单击 "贝塞尔工具"绘制头发面积轮廓，单击 "均匀填充工具"进行填充，其参数设置如图 8-232 所示，得到的图像效果如图 8-233 所示。

图8-229

图8-232

图8-230

图8-231

图8-233

06 单击 "贝塞尔工具"绘制内裙面积轮廓,单击 "均匀填充工具"进行填充,其参数设置如图 8-234 所示,得到的图像效果如图 8-235 所示。

07 单击 "贝塞尔工具"绘制上衣面积轮廓,单击 "均匀填充工具"进行填充,其参数设置如图 8-236 所示,得到的图像效果如图 8-237 所示。

08 单击 "贝塞尔工具"绘制外裙面积轮廓,单击 "均匀填充工具"进行填充,其参数设置如图 8-238 所示,得到的图像效果如图 8-239 所示。

图8-234

图8-236

图8-238

图8-235

图8-237

图8-239

09 单击 "贝塞尔工具"继续绘制皮肤明暗面积轮廓,其颜色设置如图 8-240 和图 8-241 所示,得到的图像效果如图 8-242 所示。

10 单击 "贝塞尔工具"绘制上衣明暗面积轮廓,如图 8-243 所示,明暗部颜色填充如图 8-244 和图 8-245 所示。

图8-240

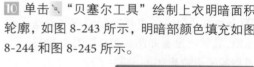

图8-244

图8-241

图8-242

图8-243

图8-245

11 单击 ╲ "贝塞尔工具"绘制图像明暗面积轮廓,如图8-246所示,明暗部颜色填充如图8-247所示。

图8-246

图8-247

12 单击 ╲ "贝塞尔工具"绘制裙子暗部面积轮廓,暗部颜色填充如图8-248所示,得到的图像效果如图8-249所示。

图8-248

图8-249

13 单击 ╲ "贝塞尔工具"绘制鞋面积轮廓,单击 ■ "均匀填充工具"进行填充,其参数设置如图8-250所示,得到的图像效果如图8-251所示。

图8-250

图8-251

14 参照图8-252所示绘制鞋底,其颜色设置为"黑色";单击 ╲ "贝塞尔工具"继续绘制鞋底面积轮廓,单击 ■ "均匀填充工具"进行填充,其参数设置如图8-253所示,得到的图像效果如图8-254所示。

图8-252

图8-253

图8-254

15 单击 ╲ "贝塞尔工具"绘制腰带面积轮廓,单击 ■ "图样填充工具",打开"图样填充"对话框,其参数设置如图8-255所示,得到的图像效果如图8-256所示。

图8-255

图8-256

16 单击 ╲ "贝塞尔工具"绘制图像面积轮廓,单击 ■ "图样填充工具",打开"图样填充"对话框,其参数设置如图8-257所示,得到的图像效果如图8-258所示。

图8-257

图8-258

17 单击 "贝塞尔工具"绘制图像面积轮廓，单击 "均匀填充工具"进行填充，其参数设置如图8-259所示，得到的图像效果如图8-260所示。

18 参照图8-261所示绘制眼睛，其颜色设置为"黑色"；参照图8-262所示继续绘制眼睛，设置颜色为"白色"。

19 单击 "贝塞尔工具"绘制人物嘴的明暗面积轮廓，如图8-263所示，其颜色设置如图8-264和图8-265所示。

图8-263

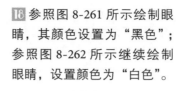

图8-261

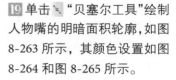

图8-264

图8-259

图8-262

图8-265

图8-260

20 单击 "贝塞尔工具"绘制头发明部面积轮廓，明部颜色填充如图8-266所示，得到的图像效果如图8-267所示。

21 单击 "艺术笔工具"，其属性栏设置如图8-268所示，参照图8-269所示绘制并调整图像。得到的图像最终效果如图8-270所示。

图8-268

图8-266

图8-269

图8-270

图8-267

8.6 短衫长裤的绘制

01 按 <Ctrl+N> 键或执行菜单栏中的"文件 > 新建"命令，系统会自动新建一个 A4 大小的空白文档。设置属性栏调整文档大小，如图 8-271 所示。

图8-271

02 执行菜单栏中的"文件 > 导入"命令，将随书光盘素材文件夹中名为"8.6"的素材图像导入该文档中并调整摆放位置，如图 8-272 所示。

图8-272

03 单击工具箱中的 "贝塞尔工具"绘制出人物的线稿轮廓，如图 8-273 所示；单击"轮廓笔工具"，打开"轮廓笔"对话框，其参数设置如图 8-274 所示。

图8-273

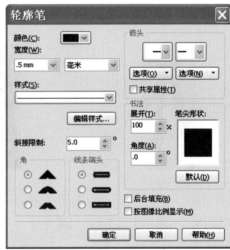

图8-274

04 单击 "贝塞尔工具"绘制人物皮肤面积轮廓，单击 "均匀填充工具"进行填充，其参数设置如图 8-275 所示，得到的图像效果如图 8-276 所示。

图8-275

图8-276

05 单击 "贝塞尔工具"绘制人物头发面积轮廓，单击 "均匀填充工具"进行填充，其参数设置如图 8-277 所示，得到的图像效果如图 8-278 所示。

图8-277

图8-278

06 单击 "贝塞尔工具"绘制裤子面积轮廓,单击 "均匀填充工具"进行填充,其参数设置如图 8-279 所示,得到的图像效果如图 8-280 所示。

图8-279

图8-280

07 单击 "贝塞尔工具"绘制包的面积轮廓,单击 "均匀填充工具"进行填充,其参数设置如图 8-281 所示,得到的图像效果如图 8-282 所示。

图8-281

图8-282

08 单击 "贝塞尔工具"绘制鞋的面积轮廓,单击 "图样填充工具",打开"图样填充"对话框,其参数设置如图 8-283 所示,得到的图像效果如图 8-284 所示。

图8-283

图8-284

09 单击 "贝塞尔工具"绘制皮肤暗部面积轮廓,暗部颜色填充如图 8-285 所示,得到的图像效果如图 8-286 所示。

图8-285

图8-286

10 单击 "贝塞尔工具"绘制头发明部面积轮廓,明部颜色填充如图 8-287 所示,得到的图像效果如图 8-288 所示。

图8-287

图8-288

11 单击 "贝塞尔工具"绘制上衣的面积轮廓,单击 "均匀填充工具"进行填充,其参数设置如图 8-289 所示,得到的图像效果如图 8-290 所示。

图8-289

图8-290

12 单击 "贝塞尔工具"绘制上衣的明暗面积轮廓，如图8-291所示，其颜色设置如图8-292~图8-294所示。

图8-291

图8-292

图8-293

图8-294

13 参照图8-295所示绘制衣服，其颜色填充为"白色"；单击 "透明度工具"，其属性栏设置如图8-296所示，参照图8-297所示绘制并调整图像。

图8-295

图8-296

图8-297

14 单击 "贝塞尔工具"绘制裤子的明暗面积轮廓，如图8-298所示，其颜色设置如图8-299~图8-303所示。

图8-298

图8-299

图8-300

图8-301

图8-302

图8-303

15 单击 "贝塞尔工具"绘制包的明暗面积轮廓，如图 8-304 所示，其颜色设置如图 8-305~图 8-307 所示。

图8-304

图8-305

图8-306

图8-307

16 单击 "贝塞尔工具"绘制图像面积轮廓，单击 "均匀填充工具"进行填充，其参数设置如图 8-308 所示，得到的图像效果如图 8-309 所示。

17 单击 "贝塞尔工具"绘制图像面积轮廓，单击 "均匀填充工具"进行填充，其参数设置如图 8-310 所示，得到的图像效果如图 8-311 所示。

18 单击 "贝塞尔工具"绘制图像面积轮廓，单击 "均匀填充工具"进行填充，其参数设置如图 8-312 所示，得到的图像效果如图 8-313 所示。

图8-308

图8-310

图8-312

图8-309

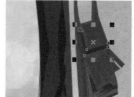
图8-311

图8-313

19 单击 "贝塞尔工具"绘制图像面积轮廓，单击 "均匀填充工具"进行填充，其参数设置如图 8-314 所示，得到的图像效果如图 8-315 所示。

图8-314

图8-315

10 单击 ✎ "贝塞尔工具"绘制图像面积轮廓，单击 ■ "均匀填充工具"进行填充，其参数设置如图 8-316 所示，得到的图像效果如图 8-317 所示。

11 单击 ✎ "艺术笔工具"，其属性栏设置如图 8-318 所示，参照图 8-319 所示绘制并调整图像。

12 参照图 8-320 所示绘制眼睛，其颜色设置为"黑色"；参照图 8-321 所示继续绘制眼睛，设置颜色为"白色"。

图8-316

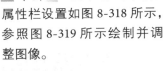

图8-318

图8-320

图8-317

图8-319

图8-321

13 单击 ✎ "贝塞尔工具"绘制眼影面积轮廓，单击 ■ "均匀填充工具"进行填充，其参数设置如图 8-322 所示，得到的图像效果如图 8-323 所示。

14 单击 ✎ "贝塞尔工具"绘制嘴的明暗面积轮廓，如图 8-324 所示，其颜色设置如图 8-325、图 8-326 所示。得到的图像最终效果如图 8-327 所示。

图8-322

图8-324

图8-325

图8-323

图8-326

图8-327

9

妖媚性感女装的绘制

9.1 无袖短裤的绘制

01 按 <Ctrl+N> 键或执行菜单栏中的"文件 > 新建"命令，系统会自动新建一个 A4 大小的空白文档。设置属性栏调整文档大小，如图 9-1 所示。

图 9-1

02 执行菜单栏中的"文件 > 导入"命令，将随书光盘素材文件夹中名为"9.1"的素材图像导入该文档中并调整摆放位置，如图 9-2 所示。

03 单击工具箱中的 "贝塞尔工具"绘制出人物的线稿轮廓，如图 9-3 所示；单击"轮廓笔工具"，打开"轮廓笔"对话框，其参数设置如图 9-4 所示。

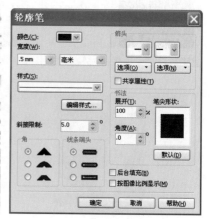

图9-2　　　　图9-3　　　　　　　图9-4

04 单击 ✎ "贝塞尔工具"绘制人物皮肤面积轮廓，单击 ■ "均匀填充工具"进行填充，其参数设置如图 9-5 所示，得到的图像效果如图 9-6 所示。

05 单击 ✎ "贝塞尔工具"绘制皮肤暗部面积轮廓，暗部颜色填充如图 9-7 所示，得到的图像效果如图 9-8 所示。

图9-5

图9-6

图9-7　　　　图9-8

06 参照图 9-9 所示将上衣填充为 "白色"。 单击 ✎ "贝塞尔工具"绘制短裤面积轮廓，单击 "均匀填充工具"进行填充，其参数设置如图 9-10 所示，得到的图像效果如图 9-11 所示。

图9-9

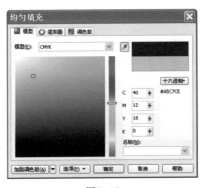
图9-10

图9-11

07 单击 ✎ "贝塞尔工具"绘制包的面积轮廓，单击 ■ "均匀填充工具"进行填充，其参数设置如图 9-12 所示，得到的图像效果如图 9-13 所示。

08 单击 ✎ "贝塞尔工具"绘制图像面积轮廓，单击 ■ "图样填充工具"，打开 "图样填充"对话框，其参数设置如图 9-14 所示，得到的图像效果如图 9-15 所示。

图9-12

图9-13

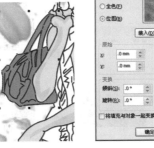
图9-14

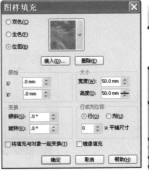
图9-15

09 单击 "贝塞尔工具"绘制图像面积轮廓,单击 "均匀填充工具"进行填充,其参数设置如图 9-16 所示,得到的图像效果如图 9-17 所示。

图9-16

图9-17

10 单击 "贝塞尔工具"绘制裤子的明暗面积轮廓,其颜色设置如图 9-18~ 图 9-21 所示,得到的图像效果如图 9-22 所示。

图9-18

图9-19

图9-20

图9-21

图9-22

11 单击 "贝塞尔工具"绘制曲线轮廓,单击 "轮廓笔工具"打开"轮廓笔"对话框,其参数设置如图 9-23 所示,得到的图像效果如图 9-24 所示。

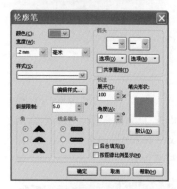

图9-23

图9-24

12 单击 "贝塞尔工具"绘制上衣明暗面积轮廓,如图 9-25 所示,其明暗颜色设置如图 9-26 和图 9-27 所示。

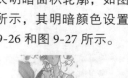

图9-25

图9-26

图9-27

13 单击 "贝塞尔工具"绘制包的明暗面积轮廓,其颜色设置如图 9-28~ 图 9-34 所示,得到的图像效果如图 9-35 所示。

图9-28

图9-29

CorelDRAW 服装设计完美表现技法

图9-30

图9-31

图9-32

图9-33

图9-34

图9-35

14 单击 "贝塞尔工具"绘制鞋的面积轮廓,单击 "图样填充工具",打开"图样填充"对话框,参数设置如图9-36所示,得到的图像效果如图9-37所示。利用同样的方法,参照图9-38所示绘制另一只鞋。

15 单击 "贝塞尔工具"绘制鞋底面积轮廓,单击 "均匀填充工具"进行填充,其参数设置如图9-39所示,得到的图像效果如图9-40所示。继续绘制鞋底并填充颜色为"黑色",如图9-41所示。

16 单击 "贝塞尔工具"绘制脚趾甲的面积轮廓,单击 "均匀填充工具"进行填充,其参数设置如图9-42所示,得到的图像效果如图9-43所示。利用同样的方法,参照图9-44所示继续绘制图像。

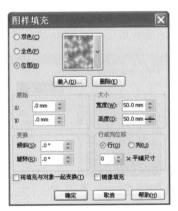

图9-36

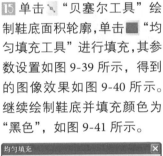

图9-39

图9-42

图9-37　　图9-38

图9-40　　图9-41

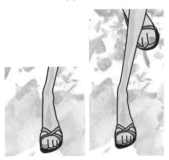

图9-43　　图9-44

17 单击 "贝塞尔工具"绘制头发面积轮廓,单击 "均匀填充工具"进行填充,其参数设置如图 9-45 所示,得到的图像效果如图 9-46 所示。

18 单击 "贝塞尔工具"绘制头发的明暗面积轮廓,其颜色设置如图 9-47~ 图 9-50 所示,得到的图像效果如图 9-51 所示。

图9-49

图9-47

图9-45

图9-50

图9-48

图9-46

图9-51

19 参照图 9-52 所示绘制人物眼睛,其颜色设置为"黑色";参照图 9-53 所示继续绘制,其颜色设置为"白色"。

20 单击 "贝塞尔工具"绘制嘴的面积轮廓,单击 "均匀填充工具"进行填充,其参数设置如图 9-54 所示,得到的图像效果如图 9-55 所示。

21 单击 "贝塞尔工具"绘制嘴的暗部面积轮廓,暗部颜色填充如图 9-56 所示,得到的图像效果如图 9-57 所示。

图9-56

图9-52

图9-54

图9-53

图9-55

图9-57

12 单击 "贝塞尔工具"绘制眼影面积轮廓，单击 ▓ "均匀填充工具"进行填充，其参数设置如图 9-58 所示，得到的图像效果如图 9-59 所示。

13 单击 "贝塞尔工具"绘制曲线轮廓，单击 "轮廓笔工具"，打开"轮廓笔"对话框，其参数设置如图 9-60 所示，得到的图像效果如图 9-61 所示。

图9-58

图9-59

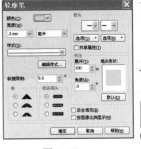
图9-60

图9-61

14 单击 "贝塞尔工具"绘制短裤明暗面积轮廓，如图 9-62 所示，其颜色设置如图 9-63、图 9-64 所示，得到的图像最终效果如图 9-65 所示。

图9-62

图9-63

图9-64

图9-65

9.2 低胸短裙的绘制

01 按 <Ctrl+N> 键或执行菜单栏中的"文件 > 新建"命令，系统会自动新建一个 A4 大小的空白文档。设置属性栏调整文档大小，如图 9-66 所示。

图9-66

02 执行菜单栏中的"文件 > 导入"命令，将随书光盘素材文件夹中名为"9.2"的素材图像导入该文档中并调整摆放位置，如图 9-67 所示。

03 单击工具箱中的 "贝塞尔工具"绘制出人物的线稿轮廓，如图 9-68 所示。

图9-67

图9-68

04 单击 ❦ "贝塞尔工具"绘制皮肤明暗面积轮廓,其颜色设置如图 9-69、图 9-70 所示,得到的图像效果如图 9-71 所示。参照图 9-72 所示绘制图像,其颜色填充为"黑色"。

图9-69

图9-70

图9-71

图9-72

05 单击 ❦ "贝塞尔工具"绘制图像面积轮廓,单击 ■ "均匀填充工具"进行填充,其参数设置如图 9-73 所示,得到的图像效果如图 9-74 所示。

06 单击 ❦ "贝塞尔工具"绘制帽子面积轮廓,单击 ■ "均匀填充工具"进行填充,其参数设置如图 9-75 所示,得到的图像效果如图 9-76 所示。

图9-73

图9-74

图9-75

图9-76

07 单击 ❦ "贝塞尔工具"绘制帽子明暗面积轮廓,其颜色设置如图 9-77~ 图 9-81 所示,得到的图像效果如图 9-82 所示。

图9-77

图9-78

图9-79

图9-80

图9-81

图9-82

08 单击 ✎ "贝塞尔工具"绘制头发面积轮廓，单击 ■ "均匀填充工具"进行填充，其参数设置如图 9-83 所示，得到的图像效果如图 9-84 所示。

图6-83

图9-84

09 单击 ✎ "贝塞尔工具"绘制头发明暗面积轮廓，其颜色设置如图 9-85~ 图 9-88 所示，得到的图像效果如图 9-89 所示。

图9-85

图9-86

图9-87

图9-88

图9-89

10 单击 ✎ "贝塞尔工具"绘制嘴的面积轮廓，单击 ■ "均匀填充工具"进行填充，其参数设置如图 9-90 所示，得到的图像效果如图 9-91 所示。

图9-90

图9-91

11 单击 ✎ "贝塞尔工具"绘制图像面积轮廓，单击 ■ "图样填充工具"，打开"图样填充"对话框，其参数设置如图 9-92 所示，得到的图像效果如图 9-93 所示。

图9-92

图9-93

16 单击 "贝塞尔工具" 绘制图像面积轮廓，单击 "图样填充工具"，打开 "图样填充" 对话框，其参数设置如图 9-94 所示，得到的图像效果如图 9-95 所示。

15 单击 "贝塞尔工具" 绘制裙子面积轮廓，单击 "图样填充工具"，打开 "图样填充" 对话框，其参数设置如图 9-96 所示，得到的图像效果如图 9-97 所示。

14 单击 "贝塞尔工具" 绘制裙子面积轮廓，单击 "均匀填充工具" 进行填充，其参数设置如图 9-98 所示，得到的图像效果如图 9-99 所示。

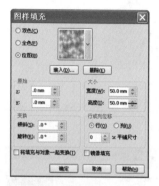

图9-94

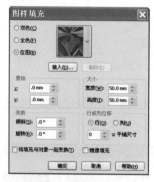

图9-96

图9-98

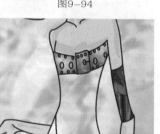

图9-95

图9-97

图9-99

15 单击 "贝塞尔工具" 绘制裙子的明暗面积轮廓，其颜色设置如图 9-100~ 图 9-104 所示，得到的图像效果如图 9-105 所示。得到的图像最终效果如图 9-106 所示。

图9-100

图9-101

图9-102

图9-103

图9-104

图9-105

图9-106

9.3 裸肩花裙的绘制

01 按 <Ctrl+N> 键或执行菜单栏中的"文件 > 新建"命令,系统会自动新建一个 A4 大小的空白文档。设置属性栏调整文档大小,如图 9-107 所示。

图9-107

02 执行菜单栏中的"文件 > 导入"命令,将随书光盘素材文件夹中名为"9.3"的素材图像导入该文档中并调整摆放位置,如图 9-108 所示。

03 单击工具箱中的 "贝塞尔工具"绘制出人物的线稿轮廓,如图 9-109 所示;单击 "轮廓笔工具",打开"轮廓笔"对话框,其参数设置如图 9-110 所示。

图9-108

图9-109

图9-110

04 单击 "贝塞尔工具"绘制皮肤面积轮廓,单击 "均匀填充工具"进行填充,其参数设置如图 9-111 所示;单击 "网状填充工具"这时出现网格,现在只需填充适当的颜色修饰明暗即可,如图 9-112 所示。

05 单击 "贝塞尔工具"绘制其他皮肤明暗面积轮廓,其颜色设置如图 9-113 和图 9-114 所示,得到的图像效果如图 9-115 所示。

图9-111

图9-112

图9-113

图9-114

图9-115

06 单击 ✎ "贝塞尔工具" 绘制图像面积轮廓，单击 ■ "均匀填充工具" 进行填充，其参数设置如图 9-116 所示；单击 ▦ "网状填充工具" 这时出现网格，现在只需填充适当的颜色修饰明暗即可，如图 9-117 所示。利用同样的方法，参照图 9-118 所示继续绘制图像。

07 单击 ♀ "透明度工具"，其属性栏设置如图 9-119 所示，参照图 9-120 所示绘制并调整图像。

图9-119

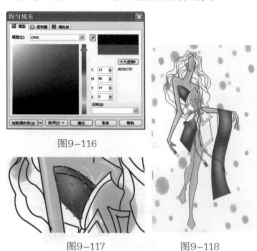

图9-116

图9-120

图9-117　　图9-118

图9-120

08 单击 ✎ "贝塞尔工具" 绘制图像面积轮廓，单击 ■ "均匀填充工具" 进行填充，其参数设置如图 9-121 所示，得到的图像效果如图 9-122 所示。

09 单击 ✎ "贝塞尔工具" 绘制图像面积轮廓，单击 ■ "均匀填充工具" 进行填充，其参数设置如图 9-123 所示，得到的图像效果如图 9-124 所示。

10 单击 ✎ "贝塞尔工具" 绘制图像面积轮廓，单击 ■ "均匀填充工具" 进行填充，其参数设置如图 9-125 所示，得到的图像效果如图 9-126 所示。

图9-121

图9-123

图9-125

图9-122　　　　　　图9-124　　　　　　图9-126

11 单击 ✎ "贝塞尔工具"绘制图像面积轮廓，单击 ▦ "均匀填充工具"进行填充，其参数设置如图9-127所示；单击 ▦ "网状填充工具"这时出现网格，现在只需填充适当的颜色修饰明暗即可，如图9-128所示。

图9-127

图9-128

14 单击 ✎ "贝塞尔工具"绘制图像面积轮廓，单击 ▦ "均匀填充工具"进行填充，其参数设置如图9-133所示，得到的图像效果如图9-134所示。

图9-133

图9-134

12 单击 ✎ "贝塞尔工具"绘制图像面积轮廓，单击 ▦ "均匀填充工具"进行填充，其参数设置如图9-129所示，得到的图像效果如图9-130所示。

图9-129

图9-130

15 单击 ✎ "贝塞尔工具"绘制头发明暗面积轮廓，如图9-135所示，其颜色设置为"粉蓝"、"靛蓝"、"柔和蓝"、"蓝光紫"、"深蓝"、"深碧蓝"等颜色；单击 ✎ "贝塞尔工具"绘制曲线轮廓，如图9-136所示。

图9-135

图9-136

13 单击 ✎ "贝塞尔工具"继续绘制图像面积轮廓，单击 ▦ "均匀填充工具"进行填充，其参数设置如图9-131所示，得到的图像效果如图9-132所示。

图9-131

图9-132

16 右键单击调色板中的 ☒ 按钮，去除对象轮廓色，其颜色填充为"白色"，如图9-137所示。得到的图像最终效果如图9-138所示。

图9-137

图9-138

9.4 短衫喇叭裤的绘制

01 按 <Ctrl+N> 键或执行菜单栏中的"文件 > 新建"命令,系统会自动新建一个 A4 大小的空白文档。设置属性栏调整文档大小,如图 9-139 所示。

图9-139

02 执行菜单栏中的"文件 > 导入"命令,将随书光盘素材文件夹中名为"9.4"的素材图像导入该文档中并调整摆放位置,如图 9-140 所示。

03 单击工具箱中的 "贝塞尔工具"绘制出人物的线稿轮廓,如图 9-141 所示;单击 "轮廓笔工具",打开"轮廓笔"对话框,其参数设置如图 9-142 所示。

图9-140

图9-141

图9-142

04 单击 "贝塞尔工具"绘制人物皮肤面积轮廓,单击 "均匀填充工具"进行填充,其参数设置如图 9-143 所示,得到的图像效果如图 9-144 所示。

05 单击 "贝塞尔工具"绘制衣服面积轮廓,单击 "均匀填充工具"进行填充,其参数设置如图 9-145 所示,得到的图像效果如图 9-146 所示。

06 单击 "贝塞尔工具"绘制裤子面积轮廓,单击 "均匀填充工具"进行填充,其参数设置如图 9-147 所示,得到的图像效果如图 9-148 所示。

图9-143

图9-144

图9-145

图9-146

图9-147

图9-148

CorelDRAW 服装设计完美表现技法

07 单击 "贝塞尔工具" 绘制鞋的面积轮廓, 单击 "图样填充工具", 打开 "图样填充" 对话框, 其参数设置如图 9-149 所示, 得到的图像效果如图 9-150 所示。利用同样的方法, 参照图 9-151 所示绘制另一只鞋。

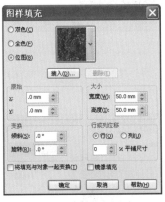

图9-149

图9-150

图9-151

08 参照图 9-152 所示绘制人物头发, 其颜色设置为 "黑色"; 单击 "贝塞尔工具" 绘制图像面积轮廓, 单击 "底纹填充工具", 打开 "底纹填充" 对话框, 其参数设置如图 9-153 所示, 得到的图像效果如图 9-154 所示。

图9-152

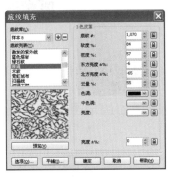

图9-153

图9-154

09 单击 "贝塞尔工具" 绘制皮肤暗部面积轮廓, 暗部颜色填充如图 9-155 所示, 得到的图像效果如图 9-156 所示。

图9-155

图9-156

10 单击 "贝塞尔工具" 绘制头发明部面积轮廓, 明部颜色填充如图 9-157 所示, 得到的图像效果如图 9-158 所示。

图9-157

图9-158

11 单击 ✑ "贝塞尔工具"绘制人物帽子的明暗面积轮廓，如图 9-159 所示，其颜色设置如图 9-160 和图 9-161 所示。

图9-159

图9-160

图9-161

12 单击 ✑ "贝塞尔工具"绘制上衣的明暗面积轮廓，如图 9-162 所示，其颜色设置如图 9-163、图 9-164 所示。

图9-162

图9-163

图9-164

13 单击 ✑ "贝塞尔工具"绘制图像面积轮廓，单击 ■ "均匀填充工具"进行填充，其参数设置如图 9-165 所示，得到的图像效果如图 9-166 所示。

图9-165

图9-166

14 单击 ⊻ "透明度工具"，其属性栏设置如图 9-167 所示，参照图 9-168 所示绘制并调整图像。

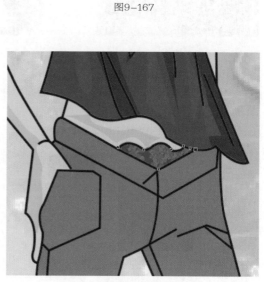

图9-167

图9-168

15 单击 ✎ "贝塞尔工具" 绘制裤子的明暗面积轮廓, 如图 9-169 所示, 其颜色设置如图 9-170、图 9-171 所示。

图9-169

图9-170

图9-171

16 单击 ✎ "贝塞尔工具" 绘制图像面积轮廓, 单击 ▓ "底纹填充工具", 打开 "底纹填充" 对话框, 其参数设置如图 9-172 所示, 得到的图像效果如图 9-173 所示。

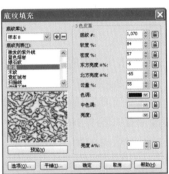
图9-172

图9-173

17 单击 ✎ "贝塞尔工具" 绘制曲线轮廓, 如图 9-174 所示, 单击 ✎ "轮廓笔工具", 打开 "轮廓笔" 对话框, 其参数设置如图 9-175 所示。

图9-174

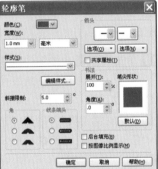
图9-175

18 单击 ✎ "艺术笔工具", 其属性栏设置如图 9-176 所示, 参照图 9-177 所示绘制并调整图像。

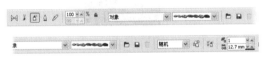
图9-176

图9-177

19 参照图 9-178 所示绘制人物眼睛, 其颜色设置为 "黑色"; 参照图 9-179 所示继续绘制眼睛, 颜色设置为 "白色"。

图9-178

图9-179

[10] 单击 "贝塞尔工具"绘制嘴的明暗面积轮廓，如图 9-180 所示，其颜色设置如图 9-181 和图 9-182 所示，得到的图像最终效果如图 9-183 所示。

图9-180　　　　　　　　　　图9-181　　　　　　　　　　　　图9-182　　　　　　　　图9-183

9.5 吊带大摆花裙的绘制

[01] 按 <Ctrl+N> 键或执行菜单栏中的"文件 > 新建"命令，系统会自动新建一个 A4 大小的空白文档。

[02] 单击工具箱中的 "贝塞尔工具"绘制出人物的线稿轮廓，如图 9-184 所示；单击 "轮廓笔工具"，打开"轮廓笔"对话框，其参数设置如图 9-185 所示。

[03] 单击 "贝塞尔工具"绘制眼睛面积轮廓，单击 "均匀填充工具"进行填充，其参数设置如图 9-186 所示，得到的图像效果如图 9-187 所示。

[04] 单击 "贝塞尔工具"绘制裙子面积轮廓，单击 "均匀填充工具"进行填充，其参数设置如图 9-188 所示，得到的图像效果如图 9-189 所示。

图9-184

图9-186

图9-188

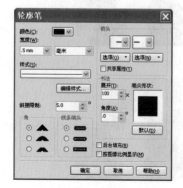

图9-185

图9-187

图9-189

05 单击 "贝塞尔工具"绘制嘴的面积轮廓，单击 "均匀填充工具"进行填充，其参数设置如图9-190所示，得到的图像效果如图9-191所示。

图9-190

图9-191

06 单击 "贝塞尔工具"绘制图像的面积轮廓，单击 "均匀填充工具"进行填充，其参数设置如图9-192所示，得到的图像效果如图9-193所示。

图9-192

图9-193

07 单击 "贝塞尔工具"绘制腿部面积轮廓，单击 "均匀填充工具"进行填充，其参数设置如图9-194所示，得到的图像效果如图9-195所示。

图9-194

图9-195

08 单击 "透明度工具"，其属性栏设置如图9-196所示，参照图9-197所示绘制并调整图像。

图9-196

图9-197

09 单击 "贝塞尔工具"绘制手镯面积轮廓，单击 "图样填充工具"，打开"图样填充"对话框，其参数设置如图9-198所示，得到的图像效果如图9-199所示。

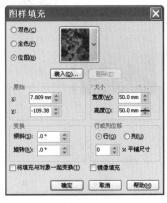

图9-198

图9-199

10 单击 "贝塞尔工具"绘制手镯面积轮廓，单击 "图样填充工具"，打开"图样填充"对话框，其参数设置如图9-200所示，得到的图像效果如图9-201所示。

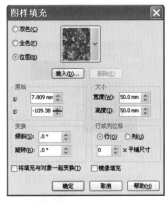

图9-200

图9-201

11 单击 "贝塞尔工具"继续绘制手镯面积轮廓，单击 "图样填充工具"，打开"图样填充"对话框，其参数设置如图 9-202 所示，得到的图像效果如图 9-203 所示。

图9-202

图9-203

12 单击 "贝塞尔工具"绘制手镯面积轮廓，单击 "图样填充工具"，打开"图样填充"对话框，其参数设置如图 9-204 所示，得到的图像效果如图 9-205 所示。

图9-204

图9-205

13 单击 "贝塞尔工具"绘制手镯面积轮廓，单击 "图样填充工具"，打开"图样填充"对话框，其参数设置如图 9-206 所示，得到的图像效果如图 9-207 所示。

图9-206

图9-207

14 单击 "贝塞尔工具"绘制图像的明暗面积轮廓，如图 9-208 所示，其颜色设置如图 9-209、图 9-210 所示。

图9-208

图9-209

图9-210

15 单击 "贝塞尔工具"绘制图像的面积轮廓，单击 "均匀填充工具"进行填充，其参数设置如图 9-211 所示，得到的图像效果如图 9-212 所示。

图9-211

图9-212

16 单击 "贝塞尔工具"绘制图像的面积轮廓，单击 "均匀填充工具"进行填充，其参数设置如图 9-213 所示，得到的图像效果如图 9-214 所示。

图9-213

图9-214

17 单击 ![]"透明度工具"，其属性栏设置如图 9-215 所示，参照图 9-216 所示绘制并调整图像。

图9-215

图9-216

18 单击 ![]"贝塞尔工具"绘制图像的面积轮廓，单击 ![]"均匀填充工具"进行填充，其参数设置如图 9-217 所示，得到的图像效果如图 9-218 所示。

图9-217

图9-218

19 单击 ![]"透明度工具"，其属性栏设置如图 9-219 所示，参照图 9-220 所示绘制并调整图像。

图9-219

图9-220

20 单击 ![]"贝塞尔工具"绘制图像面积轮廓，如图 9-221 所示，其颜色填充为"白色"；单击 ![]"贝塞尔工具"继续绘制图像的面积轮廓，单击 ![]"均匀填充工具"进行填充，其参数设置如图 9-222 所示，得到的图像效果如图 9-223 所示。

图9-221

图9-222

图9-223

21 单击 ![]"贝塞尔工具"绘制图像面积轮廓，如图 9-224 所示，其颜色填充为"黑色"；单击 ![]"艺术笔工具"，其属性栏设置如图 9-225 所示，参照图 9-226 所示绘制并调整图像。

图9-225

图9-224

图9-226

Chapter 10 个性另类服装的绘制

10.1 高领荷叶裙的绘制

01 按 <Ctrl+N> 键或执行菜单栏中的"文件 > 新建"命令，系统会自动新建一个 A4 大小的空白文档。设置属性栏调整文档大小，如图 10-1 所示。

图10-1

02 执行菜单栏中的"文件 > 导入"命令，将随书光盘素材文件夹中名为"10.1"的素材图像导入该文档中并调整摆放位置，如图 10-2 所示。

03 单击工具箱中的 ✎ "贝塞尔工具"绘制出人物的线稿轮廓，如图 10-3 所示；单击"轮廓笔工具"，打开"轮廓笔"对话框，其参数设置如图 10-4 所示。

图10-2

图10-3

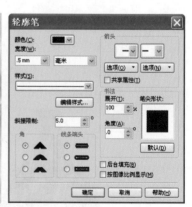
图10-4

CorelDRAW 服装设计完美表现技法

196

04 单击 "贝塞尔工具" 绘制人物皮肤面积轮廓,单击 "均匀填充工具" 进行填充,其参数设置如图 10-5 所示,得到的图像效果如图 10-6 所示。

图10-5

图10-6

05 单击 "贝塞尔工具" 绘制内衣面积轮廓,单击 "底纹填充工具",打开 "底纹填充" 对话框,其参数设置如图 10-7 所示,得到的图像效果如图 10-8 所示。

图10-7

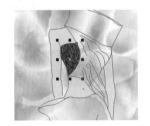

图10-8

06 参照图 10-9 所示绘制图像,其颜色填充为 "黑色";单击 "贝塞尔工具" 绘制上衣面积轮廓,单击 "均匀填充工具" 进行填充,其参数设置如图 10-10 所示,得到的图像效果如图 10-11 所示。

图10-9

图10-10

图10-11

07 单击 "贝塞尔工具" 绘制裙子面积轮廓,单击 "均匀填充工具" 进行填充,其参数设置如图 10-12 所示,得到的图像效果如图 10-13 所示。

图10-12

图10-13

08 单击 "贝塞尔工具" 绘制靴子面积轮廓,单击 "均匀填充工具" 进行填充,其参数设置如图 10-14 所示,得到的图像效果如图 10-15 所示。

图10-14

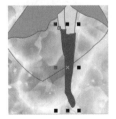

图10-15

09 单击 "贝塞尔工具" 绘制皮肤暗部面积轮廓,暗部颜色填充如图 10-16 所示,得到的图像效果如图 10-17 所示。

图10-16

图10-17

10 单击 ↘ "贝塞尔工具" 绘制图像面积轮廓，单击 ■ "均匀填充工具" 进行填充，其参数设置如图 10-18 所示，得到的图像效果如图 10-19 所示。

图10-18

图10-19

13 单击 ↘ "贝塞尔工具" 绘制图像面积轮廓，单击 ■ "均匀填充工具" 进行填充，其参数设置如图 10-25 所示，得到的图像效果如图 10-26 所示。

图10-25

图10-26

11 单击 ↘ "贝塞尔工具" 绘制图像面积轮廓，单击 ■ "图样填充工具"，打开 "图样填充" 对话框，其参数设置如图 10-20 所示，得到的图像效果如图 10-21 所示。利用同样的方法，参照图 10-22 所示继续绘制图像。

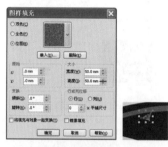
图10-20　图10-21

图10-22

14 单击 ↘ "贝塞尔工具" 绘制图像面积轮廓，单击 ■ "均匀填充工具" 进行填充，其参数设置如图 10-27 所示，得到的图像效果如图 10-28 所示。

图10-27

图10-28

12 单击 ↘ "贝塞尔工具" 绘制图像面积轮廓，单击 ■ "均匀填充工具" 进行填充，其参数设置如图 10-23 所示，得到的图像效果如图 10-24 所示。

图10-23

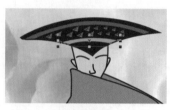
图10-24

15 单击 ↘ "贝塞尔工具" 绘制图像明部面积轮廓，明部颜色填充如图 10-29 所示，得到的图像效果如图 10-30 所示。

图10-29

图10-30

16 单击 ✎ "贝塞尔工具"绘制裙子明暗面积轮廓,如图 10-31 所示,其颜色设置为如图 10-32~图 10-34 所示。

图10-31

图10-32

图10-33

图10-34

17 单击 ✎ "贝塞尔工具"绘制靴子明部面积轮廓,明部颜色填充如图 10-35 所示,得到的图像效果如图 10-36 所示。

图10-35

图10-36

18 单击 ✎ "贝塞尔工具"绘制图像面积轮廓,单击 ■ "均匀填充工具"进行填充,其参数设置如图 10-37 所示,得到的图像效果如图 10-38 所示。

图10-37

图10-38

19. 单击 ✎ "透明度工具",其属性栏设置如图 10-39 所示,参照图 10-40 所示绘制并调整图像。

图10-39

图10-40

20 单击 ✎ "贝塞尔工具"绘制图像,如图 10-41 所示,其颜色设置为"白色",参照图 10-42 所示将图像原位置复制,颜色更改为如图 10-43 所示。

图10-41

图10-42

图10-43

12 单击"透明度工具"，其属性栏设置如图 10-44 所示，参照图 10-45 所示绘制并调整图像。利用同样的方法，参照图 10-46 所示继续绘制图像。

图10-44

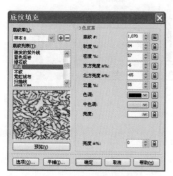

图10-45　　　　　　　　　　　图10-46

13 单击 "贝塞尔工具"绘制腰带面积轮廓，单击 "底纹填充工具"，打开"底纹填充"对话框，其参数设置如图 10-47 所示，得到的图像效果如图 10-48 所示。

13 单击 "贝塞尔工具"绘制曲线轮廓，如图 10-49 所示，单击 "轮廓笔工具"，打开"轮廓笔"对话框，其参数设置如图 10-50 所示。

14 参照图 10-51 所示绘制人物眼睛，其颜色设置为"黑色"；参照图 10-52 所示继续绘制人物眼睛，颜色填充为"白色"。

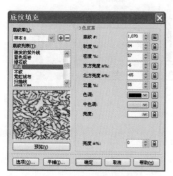

图10-47

图10-49

图10-51

图10-48

图10-50

图10-52

15 单击 "贝塞尔工具"绘制眼影面积轮廓，单击 "均匀填充工具"进行填充，其参数设置如图 10-53 所示，得到的图像效果如图 10-54 所示。参照图 10-55 所示将绘制好的眼睛水平镜像复制。

图10-53

图10-54

图10-55

[16] 单击 ✎ "艺术笔工具"，其属性栏设置如图 10-56 所示，参照图 10-57 所示绘制并调整图像。得到的图像最终效果如图 10-58 所示。

图10-56

图10-57

图10-58

10.2 百褶短裙的绘制

[01] 按 <Ctrl+N> 键或执行菜单栏中的"文件 > 新建"命令，系统会自动新建一个 A4 大小的空白文档。设置属性栏调整文档大小，如图 10-59 所示。

图10-59

[02] 单击工具箱中的 ✎ "贝塞尔工具"绘制出人物的线稿轮廓，如图 10-60 所示。

图10-60

[03] 单击 ✎ "贝塞尔工具"绘制花的面积轮廓，单击 ■ "均匀填充工具"进行填充，其参数设置如图 10-61 所示，得到的图像效果如图 10-62 所示。

图10-61

图10-62

[04] 单击 ✎ "贝塞尔工具"绘制帽子面积轮廓，单击 ■ "均匀填充工具"进行填充，其参数设置如图 10-63 所示，得到的图像效果如图 10-64 所示。

图10-63

图10-64

05 单击 ↘ "贝塞尔工具"继续绘制帽子面积轮廓,单击 ■ "均匀填充工具"进行填充,其参数设置如图 10-65 所示,得到的图像效果如图 10-66 所示。

06 单击 ↘ "贝塞尔工具"绘制图像面积轮廓,单击 ■ "均匀填充工具"进行填充,其参数设置如图 10-67 所示,得到的图像效果如图 10-68 所示。

图10-65　　　　　　图10-66

图10-67　　　　　　图10-68

07 单击 ↘ "贝塞尔工具"绘制花的明暗面积轮廓,如图 10-69 所示,其颜色设置如图 10-70~图 10-72 所示。

图10-69　　　　图10-70　　　　　图10-71　　　　　图10-72

08 单击 ↘ "贝塞尔工具"绘制人物皮肤面积轮廓,单击 ■ "均匀填充工具"进行填充,其参数设置如图 10-73 所示,得到的图像效果如图 10-74 所示。

09 单击 ↘ "贝塞尔工具"绘制人物头发面积轮廓,单击 ■ "均匀填充工具"进行填充,其参数设置如图 10-75 所示,得到的图像效果如图 10-76 所示。

10 单击 ↘ "贝塞尔工具"绘制上衣面积轮廓,单击 ■ "均匀填充工具"进行填充,其参数设置如图 10-77 所示,得到的图像效果如图 10-78 所示。

图10-77

图10-73　　　　　　图10-75

图10-74　　　　　　图10-76　　　　　　图10-78

[11] 单击 ↖ "贝塞尔工具"绘制上衣明暗面积轮廓，如图 10-79 所示，其颜色设置如图 10-80～图 10-82 所示。

图10-79

图10-80

图10-81

图10-82

[12] 单击 ↖ "贝塞尔工具"绘制图像面积轮廓，单击 ■ "均匀填充工具"进行填充，其参数设置如图 10-83 所示，得到的图像效果如图 10-84 所示。

[13] 单击 ↖ "贝塞尔工具"绘制手指的面积轮廓，单击 ■ "均匀填充工具"进行填充，其参数设置如图 10-85 所示，得到的图像效果如图 10-86 所示。

[14] 单击 ↖ "贝塞尔工具"绘制图像面积轮廓，单击 ■ "均匀填充工具"进行填充，其参数设置如图 10-87 所示，得到的图像效果如图 10-88 所示。

图10-83

图10-85

图10-87

图10-84

图10-86

图10-88

[15] 单击 ↖ "贝塞尔工具"绘制帽子的明暗面积轮廓，如图 10-89 所示，其颜色设置如图 10-90 和图 10-91 所示。

图10-89

图10-90

图10-91

16 单击 "贝塞尔工具"绘制手臂暗部面积轮廓，单击 "均匀填充工具"进行填充，其参数设置如图 10-92 所示，得到的图像效果如图 10-93 所示。

图10-92

图10-93

17 单击 "贝塞尔工具"绘制人物裙子面积轮廓，单击 "均匀填充工具"进行填充，其参数设置如图 10-94 所示，得到的图像效果如图 10-95 所示。

图10-94

图10-95

18 单击 "贝塞尔工具"绘制腰带面积轮廓，单击 "均匀填充工具"进行填充，其参数设置如图 10-96 所示，得到的图像效果如图 10-97 所示。

图10-96

图10-97

19 单击 "贝塞尔工具"绘制腿部面积轮廓，单击 "均匀填充工具"进行填充，其参数设置如图 10-98 所示，得到的图像效果如图 10-99 所示。

图10-98

图10-99

20 单击 "贝塞尔工具"绘制靴子面积轮廓，单击 "均匀填充工具"进行填充，其参数设置如图 10-100 所示，得到的图像效果如图 10-101 所示。参照图 10-102 所示绘制鞋底，其颜色填充为"黑色"。

图10-100

图10-101 　　　图10-102

21 单击 "贝塞尔工具"绘制花的面积轮廓，单击 "均匀填充工具"进行填充，其参数设置如图 10-103 所示，得到的图像效果如图 10-104 所示。

图10-103

图10-104

11 单击 ✎ "贝塞尔工具"绘制心形图像,其颜色设置如图 10-105 和图 10-106 所示,得到的图像效果如图 10-107 所示。

图10-105

图10-106

图10-107

13 单击 ✎ "贝塞尔工具"绘制皮肤暗部面积轮廓,暗部颜色填充如图 10-108 所示,得到的图像效果如图 10-109 所示。

图10-108

图10-109

14 单击 ✎ "贝塞尔工具"绘制花的明暗面积轮廓,如图 10-110 所示,其颜色设置如图 10-111~图 10-114 所示。

图10-110

图10-111

图10-112

图10-113

图10-114

25 单击 "贝塞尔工具"绘制图像面积轮廓，单击 "均匀填充工具"进行填充，其参数设置如图 10-115 所示，得到的图像效果如图 10-116 所示。

图10-115

26 单击 "贝塞尔工具"绘制图像面积轮廓，单击 "均匀填充工具"进行填充，其参数设置如图 10-117 所示，得到的图像效果如图 10-118 所示。

图10-117

27 单击 "贝塞尔工具"绘制腿暗部面积轮廓，单击 "均匀填充工具"进行填充，其参数设置如图 10-119 所示，得到的图像效果如图 10-120 所示。

图10-119

图10-116

图10-118

图10-120

28 单击 "贝塞尔工具"绘制图像面积轮廓，单击 "均匀填充工具"进行填充，其参数设置如图 10-121 所示，得到的图像效果如图 10-122 所示。

图10-121

29 单击 "贝塞尔工具"绘制腿部面积轮廓，单击 "均匀填充工具"进行填充，其参数设置如图 10-123 所示，得到的图像效果如图 10-124 所示。

图10-123

30 单击 "贝塞尔工具"绘制腰带扣面积轮廓，单击 "均匀填充工具"进行填充，其参数设置如图 10-125 所示，得到的图像效果如图 10-126 所示。

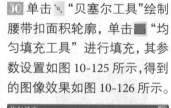

图10-125

图10-122

图10-124

图10-126

31 单击 ✎ "贝塞尔工具"绘制腰带明部面积轮廓，单击 ■ "均匀填充工具"进行填充，其参数设置如图 10-127 所示，得到的图像效果如图 10-128 所示。

32 单击 ✎ "贝塞尔工具"绘制图像面积轮廓，单击 ■ "均匀填充工具"进行填充，其参数设置如图 10-129 所示，得到的图像效果如图 10-130 所示。

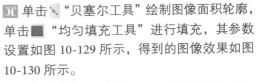

图10-127　　　　　　　图10-128　　　　　　　图10-129　　　　　　　图10-130

33 单击 ✎ "贝塞尔工具"绘制嘴的明暗面积轮廓，如图 10-131 所示，其颜色设置如图 10-132、图 10-133 所示。

图10-131　　　　　　　图10-132　　　　　　　图10-133

34 单击 ✎ "贝塞尔工具"绘制头发明部面积轮廓，明部颜色填充如图 10-134 所示，得到的图像效果如图 10-135 所示。

35 参照图 10-136 所示绘制人物眼睛，其颜色设置为"黑色"；参照图 10-137 所示继续绘制人物眼睛，颜色填充为"白色"。

36 单击 ✎ "贝塞尔工具"绘制靴子明部面积轮廓，明部颜色填充如图 10-138 所示，得到的图像效果如图 10-139 所示。

图10-134　　　　　　　图10-136　　　　　　　图10-138

图10-135　　　　　　　图10-137　　　　　　　图10-139

207

37 单击 "贝塞尔工具"绘制靴子带面积轮廓，单击 "均匀填充工具"进行填充，其参数设置如图 10-140 所示，得到的图像效果如图 10-141 所示。

图10-140

图10-141

38 单击 "贝塞尔工具"绘制靴子明部面积轮廓，明部颜色填充如图 10-142 所示，得到的图像效果如图 10-143 所示。

图10-142

图10-143

39 单击 "贝塞尔工具"绘制靴子暗部面积轮廓，单击 "均匀填充工具"进行填充，其参数设置如图 10-144 所示，得到的图像效果如图 10-145 所示。

图10-144

图10-145

40 单击 "贝塞尔工具"绘制靴子暗部面积轮廓，单击 "均匀填充工具"进行填充，其参数设置如图 10-146 所示，得到的图像效果如图 10-147 所示。

图10-146

图10-147

41 单击 "贝塞尔工具"绘制鞋底明暗面积轮廓，单击 "均匀填充工具"进行填充，其参数设置如图 10-148 所示，得到的图像效果如图 10-149 所示。

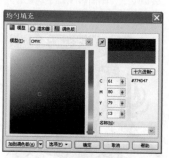

图10-148

图10-149

42 单击 "贝塞尔工具"绘制裙子的明暗面积轮廓，如图 10-150 所示，其颜色设置如图 10-151~ 图 10-154 所示。

图10-150

图10-151

图10-152

图10-153

图10-154

45 单击 ◎ "椭圆形工具"绘制图像，如图 10-155 所示，其颜色设置为"黑色"；参照图 10-156 所示将图形复制多个。得到的图像最终效果如图 10-157 所示。

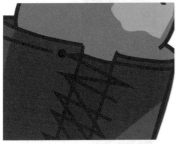

图10-155

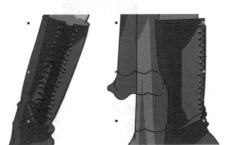
图10-156

图10-157

10.3 毛领和花裙的绘制

01 按 <Ctrl+N> 键或执行菜单栏中的"文件 > 新建"命令，系统会自动新建一个 A4 大小的空白文档。设置属性栏调整文档大小，如图 10-158 所示。

图10-158

02 执行菜单栏中的"文件 > 导入"命令，将随书光盘素材文件夹中名为"10.3"的素材图像导入该文档中并调整摆放位置，如图 10-159 所示。

03 单击工具箱中的 ◥ "贝塞尔工具"绘制出人物的线稿轮廓，如图 10-160 所示；单击"轮廓笔工具"，打开"轮廓笔"对话框，其参数设置如图 10-161 所示。

图10-159

图10-160

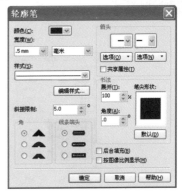
图10-161

04 单击 "贝塞尔工具" 绘制人物皮肤面积轮廓，单击 "均匀填充工具" 进行填充，其参数设置如图 10-162 所示，得到的图像效果如图 10-163 所示。

05 单击 "贝塞尔工具" 绘制图像面积轮廓，单击 "均匀填充工具" 进行填充，其参数设置如图 10-164 所示，得到的图像效果如图 10-165 所示。

06 单击 "贝塞尔工具" 绘制图像面积轮廓，单击 "均匀填充工具" 进行填充，其参数设置如图 10-166 所示，得到的图像效果如图 10-167 所示。

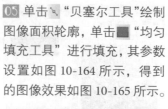

图10-162

图10-164

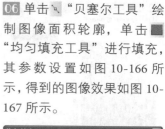

图10-166

图10-163

图10-165

图10-167

07 参照图 10-168 所示继续绘制图像，其颜色填充如图 10-169、图 10-170 所示；单击 "贝塞尔工具" 绘制裙子面积轮廓，单击 "底纹填充工具"，打开 "底纹填充" 对话框，其参数设置如图 10-171 所示，得到的图像效果如图 10-172 所示。

图10-168

图10-169

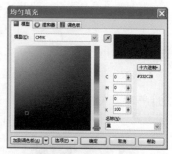

图10-170

图10-171

图10-172

08 单击 ✎ "贝塞尔工具" 绘制裙子花纹轮廓, 单击 ■ "均匀填充工具" 进行填充, 其参数设置如图 10-173 所示, 得到的图像效果如图 10-174 所示。

图10-173

图10-174

09 单击 ☲ "透明度工具" 绘制图像, 如图 10-175 所示; 单击 ✎ "贝塞尔工具" 绘制衣服面积轮廓, 单击 ■ "图样填充工具", 打开 "图样填充" 对话框, 其参数设置如图 10-176 所示, 得到的图像效果如图 10-177 所示。

图10-175

图10-176

图10-177

10 如图 10-178 所示绘制衣服, 其颜色设置为 "白色"; 单击 ✎ "贝塞尔工具" 绘制外衣暗部面积轮廓, 暗部颜色填充如图 10-179 所示, 得到的图像效果如图 10-180 所示。

图10-178

图10-179

图10-180

11 单击 ✎ "贝塞尔工具" 绘制图像面积轮廓, 单击 ■ "均匀填充工具" 进行填充, 其参数设置如图 10-181 所示, 得到的图像效果如图 10-182 所示。

图10-181

图10-182

12 单击 "贝塞尔工具" 绘制人物皮肤暗部面积轮廓，其颜色设置如图 10-183~ 图 10-185 所示，得到的图像效果如图 10-186 所示。

图10-183　　　　　　　图10-184　　　　　　　图10-185　　　　　　　图10-186

13 单击 "贝塞尔工具" 绘制图像面积轮廓，单击 "均匀填充工具" 进行填充，其参数设置如图 10-187 所示，得到的图像效果如图 10-188 所示。

图10-187　　　　　　　　　　　　　图10-188

14 参照图 10-189 所示绘制图像，其颜色设置为 "黑色"；单击 "贝塞尔工具" 绘制图像明部面积轮廓，如图 10-190 所示，其颜色设置如图 10-191 和图 10-192 所示。

图10-189　　　　图10-190　　　　　　图10-191　　　　　　　图10-192

15 单击 "贝塞尔工具" 绘制手镯及耳环面积轮廓，单击 "均匀填充工具" 进行填充，其参数设置如图 10-193 所示，得到的图像效果如图 10-194 所示。

图10-193　　　　　　　　　　　　图10-194

16 单击 ⌕"贝塞尔工具"绘制手镯面积轮廓,单击 ■"图样填充工具",打开"图样填充"对话框,其参数设置如图10-195所示,得到的图像效果如图10-196所示。

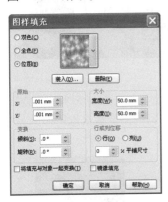

图10-195

图10-196

17 单击 ⌕"贝塞尔工具"绘制围脖面积轮廓,单击 ■"均匀填充工具"进行填充,其参数设置如图10-197所示,得到的图像效果如图10-198所示。

图10-197

图10-198

18 利用同样的方法,参照图10-199所示继续绘制图像,其颜色填充如图10-200和图10-201所示。

图10-199

图10-200

图10-201

19 单击 ⌕"贝塞尔工具"绘制人物头发,如图10-202所示,其颜色设置为"黑色";参照图10-203所示绘制人物眼睛,并填充其"黑色";继续绘制眼睛,如图10-204所示,其颜色设置为"白色"。

图10-202

图10-203

图10-204

10 单击 ⌕"贝塞尔工具"绘制嘴的明暗面积轮廓,如图10-205所示,其颜色设置如图10-206和图10-207所示。

图10-205

图10-206

图10-207

11 单击 ✎ "贝塞尔工具"绘制手镯曲线轮廓，如图 10-208 所示，再继续绘制手镯的明暗面积轮廓，其颜色设置如图 10-209 所示，得到的图像效果如图 10-210 所示。

图10-208

图10-209

图10-210

12 参照图 10-211 所示绘制人物图像面积轮廓，其颜色设置为"白色"；单击 ✎ "艺术笔工具"，及属性栏设置如图 10-212 所示，参照图 10-213 所示绘制图像。得到的图像最终效果如图 10-214 所示。

图10-211

图10-213

图10-212

图10-214

10.4 小衫和毛编织裙的绘制

01 按 <Ctrl+N> 键或执行菜单栏中的"文件 > 新建"命令，系统会自动新建一个 A4 大小的空白文档。设置属性栏调整文档大小，如图 10-215 所示。

图10-215

02 执行菜单栏中的"文件 > 导入"命令，将随书光盘素材文件夹中名为"10.4"的素材图像导入文档中并调整摆放位置，如图 10-216 所示。

03 单击工具箱中的 ✎ "贝塞尔工具"绘制出人物的线稿轮廓，如图 10-217 所示；单击 ◉ "轮廓笔工具"，打开"轮廓笔"对话框，其参数设置如图 10-218 所示。

图10-216　　　　图10-217

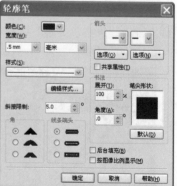
图10-218

04 单击 ⯈ "贝塞尔工具"绘制人物皮肤面积轮廓，单击 ■ "均匀填充工具"进行填充，其参数设置如图 10-219 所示，得到的图像效果如图 10-220 所示。

图10-219

图10-220

05 参照图 10-221 所示绘制人物头发，其颜色设置为"黑色"；单击 ⯈ "贝塞尔工具"绘制围巾面积轮廓，单击 ▨ "底纹填充工具"，打开"底纹填充"对话框，其参数设置如图 10-222 所示，得到的图像效果如图 10-223 所示。

图10-221

图10-222

图10-223

06 单击 ⯈ "贝塞尔工具"绘制人物衣裤面积轮廓，单击 ■ "均匀填充工具"进行填充，其参数设置如图 10-224 所示，得到的图像效果如图 10-225 所示。

图10-224

图10-225

07 单击 ⯈ "贝塞尔工具"绘制裙子面积轮廓，单击 ■ "均匀填充工具"进行填充，其参数设置如图 10-226 所示，得到的图像效果如图 10-227 所示。

图10-226

图10-227

08 单击 ⯈ "贝塞尔工具"绘制鞋靴面积轮廓，单击 ■ "均匀填充工具"进行填充，其参数设置如图 10-228 所示，得到的图像效果如图 10-229 所示。

图10-228

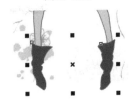

图10-229

09 单击 ⯈ "贝塞尔工具"绘制衣服面积轮廓，单击 ■ "均匀填充工具"进行填充，其参数设置如图 10-230 所示，得到的图像效果如图 10-231 所示。

图10-230

图10-231

10 单击 ✎ "贝塞尔工具"绘制衣服暗部面积轮廓，暗部颜色填充如图 10-232 所示，得到的图像效果如图 10-233 所示。

图10-232　　　图10-233

11 单击 ✎ "贝塞尔工具"绘制皮肤暗部面积轮廓，暗部颜色填充如图 10-234 所示，得到的图像效果如图 10-235 所示。

图10-234　　　图10-235

12 单击 ✎ "贝塞尔工具"绘制衣裤明暗面积轮廓，如图 10-236 所示，其颜色设置如图 10-237~图 10-239 所示。

图10-236　　　图10-237　　　图7-238　　　图10-239

13 参如图 10-240 所示继续绘制靴子，其颜色设置为"黑色"；单击 ✎ "贝塞尔工具"绘制靴子暗部面积轮廓，暗部颜色填充如图 10-241 所示，得到的图像效果如图 10-242 所示。

图10-240

图10-241

图10-242

14 单击 ✎ "贝塞尔工具"绘制嘴的明暗面积轮廓，如图 10-243 所示，其颜色设置如图 10-244 和图 10-245 所示。

图10-243

图10-244

图10-245

15 参照图 10-246 所示绘制人物眼睛，并填充"黑色"；继续绘制眼睛，如图 10-247 所示，其颜色设置为"白色"。

图10-246

图10-247

16 单击 ⬚ "基本形状工具"，其属性栏设置如图 10-248 所示，参照图 10-249 所示绘制图像；右键单击调色板中的 ⬚ 按钮，去除对象轮廓色；单击 ⬛ "图样填充工具"，打开"图样填充"对话框，其参数设置如图 10-250 所示，得到的图像效果如图 10-251 所示。参照图 10-252 所示将图像复制多个。

图10-248

图10-249

图10-250

图10-251

图10-252

17 单击 ✎ "贝塞尔工具"绘制裙子明暗面积轮廓，如图 10-253 所示，其颜色设置如图 10-254～ 图 10-257 所示。

图10-253

图10-254

图10-255

图10-256

图10-257

18 单击 ✎ "贝塞尔工具"绘制图像面积轮廓，其颜色设置如图 10-258 所示，得到的图像效果如图 10-259 所示。

图10-258

图10-259

19 单击 ⚏ "透明度工具"，其属性栏设置如图 10-260 所示，参照图 10-261 所示绘制并调整图像。

10 单击 ✎ "贝塞尔工具"绘制图像面积轮廓，其颜色设置如图 10-262 所示，得到的图像效果如图 10-263 所示。

图10-260

图10-261   图10-262   图10-263

11 单击 ⚏ "透明度工具"，其属性栏设置如图 10-264 所示，参照图 10-265 所示绘制并调整图像。

图10-264

图10-265

11 单击 ✎ "贝塞尔工具"绘制人物头发明部面积轮廓，其颜色设置如图 10-266 所示，得到的图像效果如图 10-267 所示。得到的图像最终效果如图 10-268 所示。

图10-266   图10-267   图10-268

10.5 低胸大摆长裙的绘制

01 按 <Ctrl+N> 键或执行菜单栏中的"文件 > 新建"命令，系统会自动新建一个 A4 大小的空白文档。设置属性栏调整文档大小，如图 10-269 所示。

图10-269

02 执行菜单栏中的"文件 > 导入"命令，将随书光盘素材文件夹中名为"10.5"的素材图像导入该文档中并调整摆放位置，如图 10-270 所示。

03 单击工具箱中的 "贝塞尔工具"绘制出人物的线稿轮廓，如图 10-271 所示。单击 "轮廓笔工具"，打开"轮廓笔"对话框，其参数设置如图 10-272 所示。

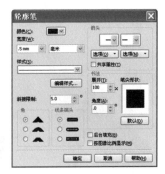

图10-270　　　　　　　　　图10-271　　　　　　　　　图10-272

04 单击 "贝塞尔工具"绘制人物头发面积轮廓，单击 "均匀填充工具"进行填充，其参数设置如图 10-273 所示，得到的图像效果如图 10-274 所示。

图10-273　　　　　　　　　图10-274

05 单击 "贝塞尔工具"绘制人物皮肤明暗面积轮廓，如图 10-275 所示，其颜色设置如图 10-276 和图 10-277 所示。

图10-275　　　　　　　　　图10-276　　　　　　　　　图10-277

Chapter10 个性另类服装的绘制

219

06 单击 ✎ "贝塞尔工具"绘制裙子面积轮廓，单击 ▉ "均匀填充工具"进行填充，其参数设置如图 10-278 所示，得到的图像效果如图 10-279 所示。

图10-278

图10-279

07 单击 ✎ "贝塞尔工具"绘制人物裙子明暗面积轮廓，如图 10-280 所示，其颜色设置如图 10-281~ 图 10-285 所示。

图10-280

图10-281

图10-282

图10-283

图10-284

图10-285

08 单击 ✎ "贝塞尔工具"绘制鞋的明暗面积轮廓，如图 10-286 所示，其颜色设置如图 10-287~ 图 10-289 所示。

图10-286

图10-287

图10-288

图10-289

09 单击 ✎ "贝塞尔工具"绘制头发明暗面积轮廓，如图 10-290 所示，其颜色设置如图 10-291～图 10-293 所示。

图10-290

图10-291

图10-292

图10-293

10 参照图 10-294 所示绘制图像，其颜色设置为"黑色"；单击 ☑ "透明度工具"，其属性栏设置如图 10-295 所示，参照图 10-296 所示绘制并调整图像。

图10-294

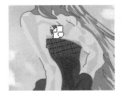
图10-296

图10-295

11 单击 ✎ "贝塞尔工具"绘制帽子的面积轮廓，单击 ▓ "底纹填充工具"，打开"底纹填充"对话框，其参数设置如图 10-297 所示，得到的图像效果如图 10-298 所示。

12 单击 ✐ "粗糙笔刷工具"，其属性栏设置如图 10-299 所示，参照图 10-300 所示绘制图像。利用同样的方法，参照图 10-301 所示继续绘制图像。

图10-299

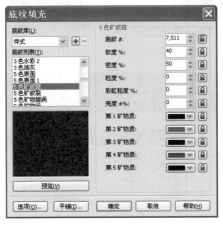
图10-297

图10-298

图10-300

图10-301

⑬ 参照图 10-302 所示绘制人物眼睛，并填充"黑色"；继续绘制图像，如图 10-303 所示，其颜色设置为"白色"；参照图 10-304 所示绘制眼睛，颜色设置如图 10-305 所示。

图10-302

图10-303

图10-304

图10-305

⑭ 单击 "贝塞尔工具"绘制图像，如图 10-306 所示，其颜色设置为"黑色"；单击"透明度工具"，其属性栏设置如图 10-307 所示，参照图 10-308 所示绘制并调整图像。

图10-306

图10-307

图10-308

⑮ 单击 "贝塞尔工具"绘制人物嘴的明暗面积轮廓，如图 10-309 所示，其颜色设置如图 10-310 和图 10-311 所示，得到的图像最终效果如图 10-312 所示。

图10-309

图10-310

图10-311

图10-312

10.6 裸肩长裙的绘制

01 按 <Ctrl+N> 键或执行菜单栏中的"文件 > 新建"命令，系统会自动新建一个 A4 大小的空白文档。

0『 单击工具箱中的 "贝塞尔工具"绘制出人物的线稿轮廓，如图 10-313 所示；单击 "轮廓笔工具"，打开"轮廓笔"对话框，其参数设置如图 10-314 所示。

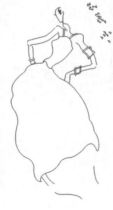
图10-313

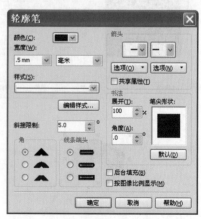
图10-314

[03] 单击 "贝塞尔工具"绘制图像面积轮廓，其颜色设置如图 10-315 所示，得到的图像效果如图 10-316 所示。

[04] 单击 "贝塞尔工具"绘制曲线轮廓，如图 10-317 所示；单击 "轮廓笔工具"，打开"轮廓笔"对话框，其参数设置如图 10-318 所示，得到的图像效果如图 10-319 所示。

[05] 单击 "贝塞尔工具"绘制叶子面积轮廓，其颜色设置如图 10-320 所示，得到的图像效果如图 10-321 所示。

图10-315

图10-317

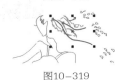

图10-318

图10-316

图10-320

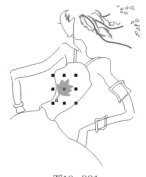

图10-319

图10-321

[06] 单击 "椭圆形工具"绘制图像，其颜色设置如图 10-322 所示，得到的图像效果如图 10-323 所示。将绘制好的图形复制多个，如图 10-324 所示。

图10-322

图10-323

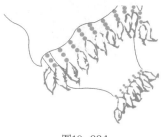

图10-324

[07] 单击 "贝塞尔工具"绘制耳环面积轮廓，其颜色设置如图 10-325 所示，得到的图像效果如图 10-326 所示。

图10-325

图10-326

Chapter10 个性另类服装的绘制

08 单击 ↘ "贝塞尔工具" 绘制图像面积轮廓，其颜色设置如图 10-327 所示，得到的图像效果如图 10-328 所示。利用同样的方法，参照图 10-329 所示继续绘制图像。

图10-327

图10-328

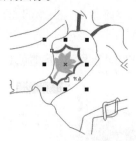

图10-329

09 单击 ↘ "贝塞尔工具" 绘制裙子面积轮廓，如图 10-330 所示，其颜色设置如图 10-331 所示。

图10-330

图10-331

10 单击 ⬭ "椭圆形工具" 绘制图像，如图 10-332 所示，其颜色设置为 "黑色"；将图形进行复制，如图 10-333 所示，其颜色更改为如图 10-334 所示；再将图形进行复制，如图 10-335 所示，其颜色更改为如图 10-336 所示。

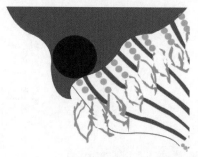

图10-332

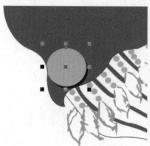

图10-333

图10-334

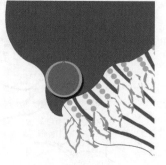

图10-335

图10-336

11 单击 ⬚ "透明度工具",其属性栏设置如图 10-337 所示,参照图 10-338 所示绘制并调整图像。参照图 10-339 所示复制并调整图像位置。

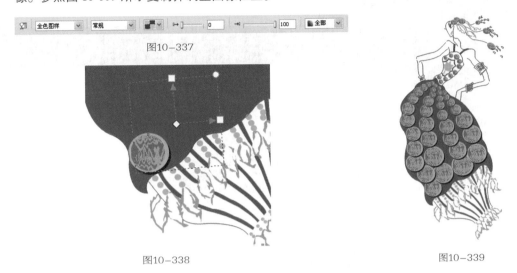

图10-337

图10-338

图10-339

12 单击 ⬚ "贝塞尔工具"绘制头发面积轮廓,其颜色设置如图 10-340 所示,得到的图像效果如图 10-341 所示。

图10-340

图10-341

13 单击 ⬚ "贝塞尔工具"绘制曲线轮廓,如图 10-342 所示;单击 ⬚ "轮廓笔工具",打开"轮廓笔"对话框,其参数设置如图 10-343 所示。得到的图像最终效果如图 10-344 所示。

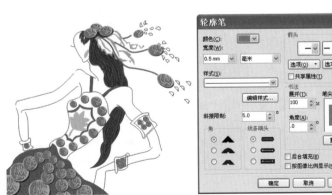

图10-342

图10-343

图10-344

11 晚礼服的绘制

11.1 高贵晚礼服的绘制

01 按 <Ctrl+N> 键或执行菜单栏中的"文件 > 新建"命令，系统会自动新建一个 A4 大小的空白文档。设置属性栏调整文档大小，如图 11-1 所示。

图11-1

02 执行菜单栏中的"文件 > 导入"命令，将随书光盘素材文件夹中名为"11.1"的素材图像导入该文档中并调整摆放位置，如图 11-2 所示。

03 单击工具箱中的 "贝塞尔工具"绘制出人物的线稿轮廓，如图 11-3 所示；单击"轮廓笔工具"，打开"轮廓笔"对话框，其参数设置如图 11-4 所示。

图11-2

图11-3

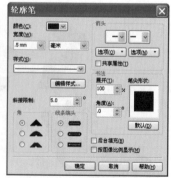
图11-4

04 单击 "贝塞尔工具" 绘制人物皮肤明暗面积轮廓，如图 11-5 所示；单击 "均匀填充工具" 进行填充，其参数设置如图 11-6、图 11-7 所示。

图11-5

图11-6

图11-7

05 单击 "贝塞尔工具" 绘制礼服面积轮廓，单击 "均匀填充工具" 进行填充，其参数设置如图 11-8 所示，得到的图像效果如图 11-9 所示。

图11-8

图11-9

06 单击 "贝塞尔工具" 绘制头发面积轮廓，单击 "均匀填充工具" 进行填充，其参数设置如图 11-10 所示，得到的图像效果如图 11-11 所示。

图11-10

图11-11

07 单击 "贝塞尔工具" 绘制头发暗部面积轮廓，如图 11-12 所示，暗部颜色填充如图 11-13 所示。

图11-12

图11-13

08 单击 "贝塞尔工具" 绘制图像暗部面积轮廓，暗部颜色填充如图 11-14 所示，得到的图像效果如图 11-15 所示。

图11-14

图11-15

09 单击 "贝塞尔工具" 绘制礼服明暗面积轮廓,如图 11-16 所示,其颜色设置如图 11-17~图 11-25 所示。得到的图像最终效果如图 11-26 所示。

图11-16　　　　　图11-17　　　　　　　图11-18　　　　　　　图11-19

图11-20　　　　　　　　图11-21　　　　　　　　图11-22

图11-23　　　　　　　图11-24　　　　　　　图11-25　　　　　　图11-26

11.2 低胸晚礼服的绘制

01 按 <Ctrl+N> 键或执行菜单栏中的 "文件 > 新建" 命令,系统会自动新建一个 A4 大小的空白文档。设置属性栏调整文档大小,如图 11-27 所示。

图11-27

02 执行菜单栏中的 "文件 > 导入" 命令,将随书光盘素材文件夹中名为 "11.2" 的素材图像导入该文档中并调整摆放位置,如图 11-28 所示。

03 单击工具箱中的 "贝塞尔工具" 绘制出人物的线稿轮廓,如图 11-29 所示;单击 "轮廓笔工具",打开 "轮廓笔" 对话框,其参数设置如图 11-30 所示。

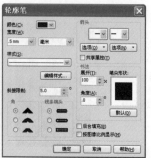

图11-28　　　　图11-29　　　　　　图11-30

04 单击 "贝塞尔工具" 绘制人物皮肤面积轮廓，单击 "均匀填充工具" 进行填充，其参数设置如图 11-31 所示，得到的图像效果如图 11-32 所示。

05 单击 "贝塞尔工具" 绘制皮肤暗部面积轮廓，暗部颜色填充如图 11-33 所示，得到的图像效果如图 11-34 所示。

06 单击 "贝塞尔工具" 绘制人物头发面积轮廓，单击 "均匀填充工具" 进行填充，其参数设置如图 11-35 所示，得到的图像效果如图 11-36 所示。

图11-31

图11-33

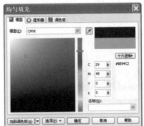

图11-35

图11-32

图11-34

图11-36

07 单击 "贝塞尔工具" 绘制头发明暗面积轮廓，如图 11-37 所示，其颜色设置如图 11-38、图 11-39 所示。

图11-37

图11-38

图11-39

08 单击 "贝塞尔工具" 绘制图像面积轮廓，单击 "均匀填充工具" 进行填充，其参数设置如图 11-40 所示，得到的图像效果如图 11-41 所示。

图11-40

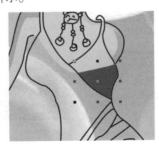

图11-41

09 单击 ✎ "贝塞尔工具"绘制图像面积轮廓，单击 ■ "均匀填充工具"进行填充，其参数设置如图 11-42 所示，得到的图像效果如图 11-43 所示。

10 单击 ✎ "贝塞尔工具"绘制裙子面积轮廓，单击 ■ "均匀填充工具"进行填充，其参数设置如图 11-44 所示，得到的图像效果如图 11-45 所示。

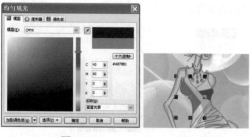
图11-42

图11-43

图11-44

图11-45

11 单击 ✎ "贝塞尔工具"绘制图像明暗面积轮廓，其颜色设置如图 11-46 和图 11-47 所示，得到的图像效果如图 11-48 所示。

图11-46

图11-47

图11-48

12 单击 ✎ "贝塞尔工具"绘制鞋的明暗面积轮廓，其颜色设置如图 11-49 所示，及"蓝蓝光紫"，得到的图像效果如图 11-50 所示。

13 单击 ✎ "贝塞尔工具"绘制裙子明暗面积轮廓，如图 11-51 所示，其颜色设置如图 11-52~ 图 11-54 所示。

图11-51

图11-52

图11-49

图11-50

图11-53

图11-54

14 单击 ✎ "贝塞尔工具"绘制图像面积轮廓，单击 ■ "均匀填充工具"进行填充，其参数设置如图 11-55 所示，得到的图像效果如图 11-56 所示。

图11-55

图11-56

15 单击 ✎ "贝塞尔工具"绘制项链及鞋面装饰物面积轮廓，单击 ■ "均匀填充工具"进行填充，其参数设置如图 11-57 所示，得到的图像效果如图 11-58、图 11-59 所示。

图11-57

图11-58

图11-59

16 单击 ✎ "贝塞尔工具"绘制图像面积轮廓，单击 ✖ "底纹填充工具"，打开"底纹填充"对话框，其参数设置如图 11-60 所示，得到的图像效果如图 11-61 所示。

图11-60

图11-61

17 单击 ✎ "贝塞尔工具"绘制图像面积轮廓，单击 ✖ "底纹填充工具"，打开"底纹填充"对话框，其参数设置如图 11-62 所示，得到的图像效果如图 11-63 所示。

图11-62

图11-63

18 单击 ✎ "贝塞尔工具"绘制图像面积轮廓，单击 ✖ "底纹填充工具"，打开"底纹填充"对话框，其参数设置如图 11-64 所示，得到的图像效果如图 11-65 所示。

图11-64

图11-65

19 单击 ✎ "贝塞尔工具"绘制图像面积轮廓，单击 ■ "均匀填充工具"进行填充，其参数设置如图 11-66 所示，得到的图像效果如图 11-67 所示。

图11-66

图11-67

10 单击"透明度工具",其属性栏设置如图 11-68 所示,参照图 11-69 所示绘制并调整图像;单击 "贝塞尔工具"绘制嘴的面积轮廓,单击 "均匀填充工具"进行填充,其参数设置如图 11-70 所示,得到的图像效果如图 11-71 所示。

图11-68

图11-69

图11-70

图11-71

11 单击 "贝塞尔工具"绘制裙子面积轮廓,单击 "底纹填充工具",打开"底纹填充"对话框,其参数设置如图 11-72 所示,得到的图像效果如图 11-73 所示。

12 单击 "椭圆形工具",绘制图像,如图 11-74 所示;右键单击调色板中的 按钮,去除对象轮廓色;单击 "均匀填充工具"进行填充,其参数设置如图 11-75 所示,得到的图像效果如图 11-76 所示。

13 单击 "艺术笔工具",其属性栏设置如图 11-77 所示,参照图 11-78 所示绘制图像。

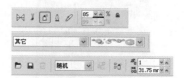

图11-77

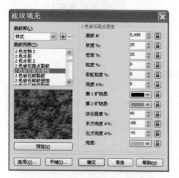

图11-72

图11-74

图11-78

图11-73

图11-75

图11-76

11.3 薄纱面料礼服的绘制

01 按 <Ctrl+N> 键或执行菜单栏中的"文件 > 新建"命令，系统会自动新建一个 A4 大小的空白文档。

02 单击 ⚓ "艺术笔工具"，其属性栏设置如图 11-79 所示，参照图 11-80 所示绘制并调整图像。

图11-79

03 单击工具箱中的 ↖ "贝塞尔工具"绘制出人物的线稿轮廓，如图 11-81 所示；单击 ⚓ "轮廓笔工具"，打开"轮廓笔"对话框，其参数设置如图 11-82 所示。

图11-80

图11-81

图11-82

04 单击 ↖ "贝塞尔工具"绘制裙子面积轮廓，单击 ■ "均匀填充工具"进行填充，其参数设置如图 11-83 所示，得到的图像效果如图 11-84 所示。

05 单击 ↖ "贝塞尔工具"绘制裙子面积轮廓，单击 ■ "均匀填充工具"进行填充，其参数设置如图 11-85 所示，得到的图像效果如图 11-86 所示。

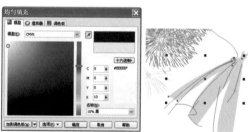
图11-83

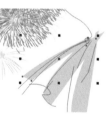
图11-84

图11-85

图11-86

06 单击 ↖ "贝塞尔工具"绘制图像，如图 11-87 所示，颜色设置如图 11-88、图 11-89 所示。

图11-87

图11-88

图11-89

Chapter11 晚礼服的绘制

233

07 单击 ✎ "贝塞尔工具"绘制人物皮肤面积轮廓,单击 ■ "均匀填充工具"进行填充, 其参数设置如图 11-90 所示, 得到的图像效果如图 11-91 所示。

08 单击 ✎ "贝塞尔工具"绘制皮肤暗部面积轮廓,如图 11-92 所示,暗部颜色填充如图 11-93~ 图 11-95 所示。

图11-92

图11-93

图11-90

图11-94

图11-95

图11-91

09 单击 ✎ "贝塞尔工具"绘制脸部面积轮廓, 单击 ■ "均匀填充工具"进行填充, 其参数设置如图 11-96 所示, 得到的图像效果如图 11-97 所示。

10 单击 ✑ "透明度工具"其属性栏设置为如图 11-98 所示,参照图 11-99 所示绘制并调整图像。

图11-98

图11-96

图11-97

图11-99

11 单击 ✎ "贝塞尔工具"绘制裙子面积轮廓,单击 ■ "均匀填充工具"进行填充, 其参数设置如图 11-100 所示, 得到的图像效果如图 11-101 所示。

12 单击 ✎ "贝塞尔工具"绘制裙子明暗面积轮廓, 如图 11-102 所示, 其颜色设置如图 11-103~ 图 11-106 所示。

图11-100

图11-101

图11-102

图11-103

图11-104　　　　　　　　　　图11-105　　　　　　　　　　图11-106

13 单击 ⊾ "贝塞尔工具" 绘制图像面积轮廓, 单击 ■ "均匀填充工具" 进行填充, 其参数设置如图 11-107 所示, 得到的图像效果如图 11-108 所示。

图11-107　　　　　　　　　　　图11-108

14 单击 ⊾ "贝塞尔工具" 绘制图像明暗面积轮廓, 如图 11-109 所示, 其颜色设置如图 11-110~图 11-113 所示。

图11-109　　　　　　　　　图11-110　　　　　　　　　图11-111

图11-112　　　　　　　　　图11-113

15 单击 ✏ "贝塞尔工具"绘制轮廓曲线，如图 11-114 所示；单击 ♨ "轮廓笔工具"，打开"轮廓笔"对话框，其参数设置如图 11-115 所示。

图11-114

图11-115

16 单击 ✏ "贝塞尔工具"绘制轮廓曲线，如图 11-116 所示；单击 ♨ "轮廓笔工具"，打开"轮廓笔"对话框，其参数设置如图 11-117 所示。

图11-116

图11-117

17 单击 ✏ "贝塞尔工具"绘制手套面积轮廓，单击 ■ "均匀填充工具"进行填充，其参数设置如图 11-118 所示，得到的图像效果如图 11-119 所示。

图11-118

图11-119

18 单击 ✏ "贝塞尔工具"绘制手套明暗面积轮廓，如图 11-120 所示，其颜色设置如图 11-121 和图 11-122 所示。

图11-120

图11-121

图11-122

19 单击 ✏ "贝塞尔工具"绘制轮廓曲线，如图 11-123 所示；单击 ♨ "轮廓笔工具"，打开"轮廓笔"对话框，其参数设置如图 11-124 所示。

图11-123

图11-124

20 单击 ✏ "贝塞尔工具"绘制耳环轮廓曲线，如图 11-125 所示；单击 ♨ "轮廓笔工具"，打开"轮廓笔"对话框，其参数设置如图 11-126 所示。

图11-125

图11-126

[1] 单击 ⬎ "贝塞尔工具"绘制眼睛面积轮廓，单击■ "均匀填充工具"进行填充，其参数设置如图11-127所示，得到的图像效果如图11-128所示。

[2] 单击 ⬎ "贝塞尔工具"继续绘制眼睛面积轮廓，单击■ "均匀填充工具"进行填充，其参数设置如图11-129所示，得到的图像效果如图11-130所示。

[3] 单击 ⬎ "贝塞尔工具"绘制眼睛面积轮廓，单击■ "均匀填充工具"进行填充，其参数设置如图11-131所示，得到的图像效果如图11-132所示。

图11-127

图11-129

图11-131

图11-128

图11-130

图11-132

[4] 单击 ⬎ "贝塞尔工具"绘制睫毛轮廓曲线，如图11-133所示；单击 🖊 "轮廓笔工具"，打开"轮廓笔"对话框，其参数设置如图11-134所示。

[5] 单击 ⬎ "贝塞尔工具"绘制头发面积轮廓，单击■ "均匀填充工具"进行填充，其参数设置如图11-135所示，得到的图像效果如图11-136所示。

[6] 单击 ⬎ "贝塞尔工具"继续绘制人物头发面积轮廓，如图11-137所示，其颜色设置如图11-138～图11-142所示。

图11-133

图11-135

图11-137

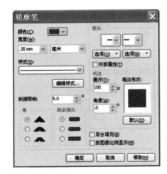
图11-134

图11-136

图11-138

图11-139

图11-140

图11-141

图11-142

17 单击 "贝塞尔工具"绘制叶子面积轮廓,单击 "均匀填充工具"进行填充,其参数设置如图 11-143 所示,得到的图像效果如图 11-144 所示。

18 单击 "贝塞尔工具"绘制叶子明部面积轮廓,明部颜色填充如图 11-145 所示,得到的图像效果如图 11-146 所示。

19 单击 "贝塞尔工具"绘制花的面积轮廓,单击 "均匀填充工具"进行填充,其参数设置如图 11-147 所示,得到的图像效果如图 11-148 所示。

图11-143

图11-145

图11-147

图11-144

图11-146

图11-148

30 单击 "贝塞尔工具"绘制花的暗部面积轮廓,暗部颜色填充如图 11-149 所示,得到的图像效果如图 11-150 所示。

31 单击 "贝塞尔工具"绘制花的面积轮廓,单击 "均匀填充工具"进行填充,其参数设置如图 11-151 所示,得到的图像效果如图 11-152 所示。得到的图像最终效果如图 11-153 所示。

图11-149

图11-151

图11-150

图11-152

图11-153

11.4 晚宴礼服的绘制

01 按 <Ctrl+N> 键或执行菜单栏中的"文件 > 新建"命令，系统会自动新建一个 A4 大小的空白文档。设置属性栏调整文档大小，如图 11-154 所示。

图11-154

01 执行菜单栏中的"文件 > 导入"命令，将随书光盘素材文件夹中名为"11.4"的素材图像，导入文档中并调整摆放位置，如图 11-155 所示。

03 单击工具箱中的 "贝塞尔工具"绘制出人物的线稿轮廓，如图 11-156 所示；单击 "轮廓笔工具"，打开"轮廓笔"对话框，其参数设置如图 11-157 所示。

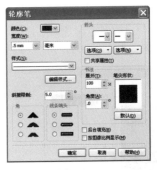

图11-155　　　　　　图11-156　　　　　　　　　　图11-157

04 单击 "贝塞尔工具"绘制人物皮肤面积轮廓，单击 "均匀填充工具"进行填充，其参数设置如图 11-158 所示，得到的图像效果如图 11-159 所示。

05 单击 "贝塞尔工具"绘制裙子面积轮廓，单击 "均匀填充工具"进行填充，其参数设置如图 11-160 所示，得到的图像效果如图 11-161 所示。

图11-158　　　　　　图11-159　　　　　　　图11-160　　　　　　　图11-161

06 单击 "贝塞尔工具"绘制图像，如图 11-162 所示，其颜色设置为"黑色"；单击 "贝塞尔工具"绘制图像面积轮廓，单击 "均匀填充工具"进行填充，其参数设置如图 11-163 所示，得到的图像效果如图 11-164 所示。

图11-162　　　　　　图11-163　　　　　　图11-164

07 单击 🖋 "贝塞尔工具"绘制裙子明暗面积轮廓,如图 11-165 所示,其颜色设置如图 11-166~图 11-168 所示。

图11-165

图11-166

图11-167

图11-168

08 单击 🖋 "贝塞尔工具"绘制皮肤暗部面积轮廓,暗部颜色填充如图 11-169 所示,得到的图像效果如图 11-170 所示。

09 单击 🖋 "贝塞尔工具"绘制帽子明暗面积轮廓,如图 11-171 所示,其颜色设置如图 11-172 和图 11-173 所示。

10 单击 🖋 "贝塞尔工具"绘制图像明暗面积轮廓,如图 11-174 所示,其颜色设置如图 11-175 所示。

图11-169

图11-171

图11-174

图11-170

图11-172

图11-173

图11-175

Ⅱ 单击 "贝塞尔工具"绘制头发明部面积轮廓，明部颜色填充如图 11-176 所示，得到的图像效果如图 11-177 所示。

Ⅻ 单击 "贝塞尔工具"绘制人物眼睛面积轮廓，其颜色填充如图 11-178 和图 11-179 所示。得到的图像效果如图 11-180 所示。

⑬ 单击 "贝塞尔工具"绘制图像面积轮廓，其颜色填充如图 11-181 和图 11-182 所示，得到的图像效果如图 11-183 所示。

图11-176

图11-178

图11-181

图11-177

图11-179

图11-182

图11-180

图11-183

⑭ 单击 "贝塞尔工具"绘制图像明部面积轮廓，明部颜色填充如图 11-184 所示，得到的图像效果如图 11-185 所示。

图11-184

图11-185

15 单击 🖉 "贝塞尔工具"绘制手套的明暗面积轮廓，如图 11-186 所示，其颜色设置如图 11-187 和图 11-188 所示。

图11-186

图11-187

图11-188

16 单击 🖉 "贝塞尔工具"绘制鞋的明暗面积轮廓，如图 11-189 所示，其颜色设置如图 11-190~图 11-192 所示。得到的图像最终效果如图 11-193 所示。

图11-189

图11-190

图11-191

图11-192

图11-193

11.5 时尚晚礼服的绘制

01 按 <Ctrl+N> 键或执行菜单栏中的"文件 > 新建"命令，系统会自动新建一个 A4 大小的空白文档。设置属性栏调整文档大小，如图 11-194 所示。

图11-194

02 执行菜单栏中的"文件 > 导入"命令，将随书光盘素材文件夹中名为"11.5"的素材图像导入该文档中并调整摆放位置，如图 11-195 所示。

03 单击工具箱中的 ✎"贝塞尔工具"绘制出人物的线稿轮廓，如图 11-196 所示。单击 ◊"轮廓笔工具"，打开"轮廓笔"对话框，其参数设置如图 11-197 所示。

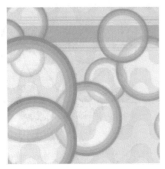

图11-195

图11-196

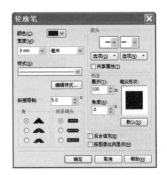

图11-197

04 单击 ✎"贝塞尔工具"绘制人物皮肤面积轮廓，单击 ■"均匀填充工具"进行填充，其参数设置如图 11-198 所示；继续绘制裙子面积轮廓，单击 ▓"底纹填充工具"，打开"底纹填充"对话框，其参数设置如图 11-199 所示，得到的图像效果如图 11-200 所示。

图11-198

图11-199

图11-200

05 参照图 11-201 所示绘制图像，其颜色设置为"黑色"；单击 ✎"贝塞尔工具"绘制人物鞋的面积轮廓，单击 ■"均匀填充工具"进行填充，其参数设置如图 11-202 所示，得到的图像效果如图 11-203 所示。

图11-201

图11-202

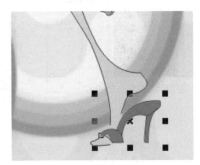

图11-203

06 单击 ↘ "贝塞尔工具"绘制皮肤暗部面积轮廓，暗部颜色填充如图11-204所示，得到的图像效果如图11-205所示。

图11-204

图11-205

07 单击 ↘ "贝塞尔工具"绘制人物嘴的明暗面积轮廓，如图11-206所示，其颜色设置如图11-207、图11-208所示。

图11-206

图11-207

图11-208

08 单击 ↘ "贝塞尔工具"绘制曲线轮廓，如图11-209所示；单击 ↘ "轮廓笔工具"，打开"轮廓笔"对话框，其参数设置如图11-210所示。

图11-209

图11-210

09 单击 ↘ "贝塞尔工具"绘制人物脸部面积轮廓，单击 ■ "均匀填充工具"进行填充，其参数设置如图11-211所示，得到的图像效果如图11-212所示。

图11-211

图11-212

10 单击 ♈ "透明度工具"，其属性栏设置如图11-213所示，参照图11-214所示绘制并调整图像。

图11-213

图11-214

11 单击 ↘ "贝塞尔工具"绘制眼睛面积轮廓，单击 ■ "均匀填充工具"进行填充，其参数设置如图11-215所示，得到的图像效果如图11-216所示。

图11-215

图11-216

12 单击 "贝塞尔工具"绘制眼影面积轮廓，单击 "均匀填充工具"进行填充，其参数设置如图 11-217 所示，得到的图像效果如图 11-218 所示。

13 单击 "贝塞尔工具"继续绘制眼影面积轮廓，单击 "均匀填充工具"进行填充，其参数设置如图 11-219 所示，得到的图像效果如图 11-220 所示。

14 单击 "贝塞尔工具"继续绘制眼影面积轮廓，单击 "均匀填充工具"进行填充，其参数设置如图 11-221 所示，得到的图像效果如图 11-222 所示。

图11-217

图11-219

图11-221

图11-218

图11-220

图11-222

15 参照图 11-223 所示绘制眼睛内黑色部分，参照图 11-224 所示绘制眼睛内白色部分；单击 "贝塞尔工具"绘制图像面积轮廓，单击 "均匀填充工具"进行填充，其参数设置如图 11-225 所示，得到的图像效果如图 11-226 所示。

图11-223

图11-224

图11-225

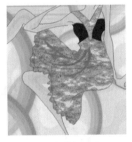

图11-226

16 执行菜单栏中的"窗口 > 泊坞窗 > 透镜"命令打开"透镜"对话框，其参数设置如图 11-227 所示，得到的图像效果如图 11-228 所示。利用同样的方法，参照图 11-229 所示继续绘制图像。

图11-227

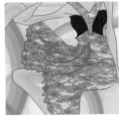

图11-228

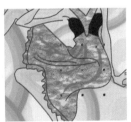

图11-229

17 单击 "贝塞尔工具" 绘制图像面积轮廓, 单击 "均匀填充工具" 进行填充, 其参数设置如图 11-230 所示, 得到的图像效果如图 11-231 所示。

图11-230

图11-231

18 单击 "贝塞尔工具" 绘制图像面积轮廓, 单击 "均匀填充工具" 进行填充, 其参数设置如图 11-232 所示, 得到的图像效果如图 11-233 所示。

图11-232

图11-233

19 单击 "贝塞尔工具" 绘制裙子暗部面积轮廓, 暗部颜色填充如图 11-234 所示, 得到的图像效果如图 11-235 所示。

图11-234

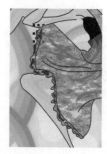

图11-235

20 单击 "贝塞尔工具" 绘制鞋暗部面积轮廓, 暗部颜色填充如图 11-236 所示, 得到的图像效果如图 11-237 所示。

图11-236

图11-237

21 单击 "贝塞尔工具" 绘制头发面积轮廓, 单击 "均匀填充工具" 进行填充, 其参数设置如图 11-238 所示, 得到的图像效果如图 11-239 所示。

图11-238

图11-239

22 单击 "贝塞尔工具" 绘制头发明暗面积轮廓, 如图 11-240 所示, 其颜色设置如图 11-241 ~ 图 11-244 所示。

图11-240

图11-241

图11-242　　　　　　　　　　　　图11-243　　　　　　　　　　　　图11-244

13 单击 　"贝塞尔工具"绘制头饰面积轮廓,单击 　"底纹填充工具",打开"底纹填充"对话框,其参数设置如图 11-245 所示,得到的图像效果如图 11-246 所示。

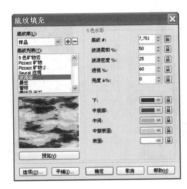

图11-245　　　　　　　　　　　　图11-246

14 单击 　"艺术笔工具",其属性栏设置如图 11-247 所示,参照图 11-248 所示绘制并调整图像。得到的图像最终效果如图 11-249 所示。

图11-247

图11-248　　　　　　　　　　　　图11-249

12.1 宫廷女装的绘制

01 按 <Ctrl+N> 键或执行菜单栏中的"文件 > 新建"命令，系统会自动新建一个 A4 大小的空白文档。设置属性栏调整文档大小，如图 12-1 所示。

02 单击工具箱中的 ✎ "贝塞尔工具"绘制出人物的线稿轮廓，如图 12-2 所示；单击 ✑ "轮廓笔工具"，打开"轮廓笔"对话框，其参数设置如图 12-3 所示。

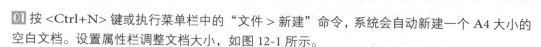

图12-1

图12-2

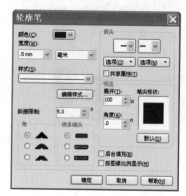

图12-3

03 单击 ✎ "贝塞尔工具"绘制皮肤明暗面积轮廓，其颜色设置如图 12-4 和图 12-5 所示，得到的图像效果如图 12-6 所示。

图12-4　　　　　　　　　　　图12-5　　　　　　　　　　　图12-6

04 参照图 12-7 所示绘制图像，其颜色设置为"黑色"；单击 ✎ "贝塞尔工具"绘制衣服面积轮廓，单击 ▉ "均匀填充工具"进行填充，其参数设置如图 12-8 所示，得到的图像效果如图 12-9 所示。

图12-7　　　　　　　　　　　图12-8　　　　　　　　　　　图12-9

05 单击 ✎ "贝塞尔工具"绘制衣服明暗面积轮廓，如图 12-10 所示，其颜色设置如图 12-11～图 12-13 所示。

图12-10　　　　　　图12-11　　　　　　图12-12　　　　　　图12-13

06 单击 ✎ "贝塞尔工具"绘制裙摆面积轮廓，单击 ▉ "均匀填充工具"进行填充，其参数设置如图 12-14 所示，得到的图像效果如图 12-15 所示。

07 单击 ✎ "贝塞尔工具"绘制图像面积轮廓，单击 ▉ "均匀填充工具"进行填充，其参数设置如图 12-16 所示，得到的图像效果如图 12-17 所示。

图12-14　　　　　　图12-15　　　　　　图12-16　　　　　　图12-17

08 单击 ↘ "贝塞尔工具" 绘制外衣明暗面积轮廓如图 12-18 所示，其颜色设置如图 12-19 和图 12-20 所示。

图12-18

图12-19

图12-20

09 单击 ↘ "贝塞尔工具" 绘制头发明部面积轮廓，明部颜色填充如图 12-21 所示，得到的图像效果如图 12-22 所示。

10 参照图 12-23 所示绘制人物眼睛，其颜色设置为"黑色"；参照图 12-24 所示继续绘制眼睛，其颜色设置为"白色"。

图12-21

图12-22

图12-23

图12-24

11 单击 ↘ "贝塞尔工具" 绘制嘴的明暗面积轮廓，如图 12-25 所示，其颜色设置如图 12-26 和图 12-27 所示。

图12-25

图12-26

图12-27

12 单击 ↖ "艺术笔工具"，其属性栏设置为如图 12-28 所示，参照图 12-29 所示绘制并调整图像；更改属性栏设置如图 12-30 所示，参照图 12-31 所示绘制并调整图像，执行菜单栏中的"文件 > 导入"命令，将随书光盘素材文件夹中名为"12.1"的素材图像导入该文档中并调整摆放位置，如图 12-32 所示。

图12-28

CorelDRAW 服装设计完美表现技法

图12-30

图12-29

图12-31

图12-32

12.2 古代美女服装的绘制

01 按 <Ctrl+N> 键或执行菜单栏中的"文件 > 新建"命令，系统会自动新建一个 A4 大小的空白文档。设置属性栏调整文档大小，如图 12-33 所示。

图12-33

02 单击工具箱中的 "贝塞尔工具"绘制出人物的线稿轮廓，如图 12-34 所示。

图12-34

03 单击 "贝塞尔工具"绘制人物面部皮肤，其颜色设置如图 12-35 所示；单击 "网状填充工具"，这时将出现网格，现在只需填充适当颜色修饰明暗即可，如图 12-36 所示。

图12-35

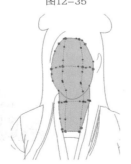

图12-36

04 单击 "贝塞尔工具"绘制人物皮肤面积轮廓，单击 "均匀填充工具"进行填充，其参数设置如图 12-37 所示，得到的图像效果如图 12-38 所示。

图12-37

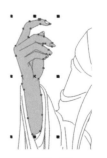

图12-38

05 单击 ⬧ "贝塞尔工具"绘制人物皮肤明暗面积轮廓,单击 ■ "均匀填充工具"进行填充,其参数设置如图 12-39 所示,得到的图像效果如图 12-40 所示。

06 单击 ⬧ "贝塞尔工具"绘制人物鼻子,如图 12-41 所示,其颜色设置如图 12-42 和图 12-43 所示。

07 单击 ⬧ "贝塞尔工具"绘制人物鼻孔,其颜色设置如图 12-44 所示,得到的图像效果如图 12-45 所示。

图12-41

图12-44

图12-39

图12-42

图12-43

图12-40

图12-45

08 单击 ⬧ "贝塞尔工具"绘制人物眉毛,单击 ■ "渐变填充工具",打开"渐变填充"对话框,其参数设置如图 12-46 所示,得到的图像效果如图 12-47 所示。参照图 12-48 所示将绘制好的眉毛水平镜像复制。

09 单击 ⬧ "贝塞尔工具"绘制嘴的明暗面积轮廓,其颜色设置如图 12-49、图 12-50 所示,得到的图像效果如图 12-51 所示。

图12-49

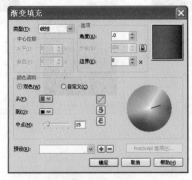

图12-46

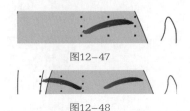

图12-47

图12-48

图12-50

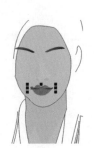

图12-51

CorelDRAW 服装设计完美表现技法

⑩ 单击 "贝塞尔工具"绘制人物嘴部面积轮廓，单击 ■"均匀填充工具"进行填充，其参数设置如图 12-52 所示，得到的图像效果如图 12-53 所示。

图12-52

图12-53

⑪ 单击 "贝塞尔工具"继续绘制人物嘴部面积轮廓，单击 ■"均匀填充工具"进行填充，其参数设置如图 12-54 所示，得到的图像效果如图 12-55 所示。

图12-54

图12-55

⑫ 单击 "贝塞尔工具"绘制人物眼睛面积轮廓，单击 ■"均匀填充工具"进行填充，其参数设置如图 12-56 所示，得到的图像效果如图 12-57 所示。

图12-56

图12-57

⑬ 单击 "贝塞尔工具"绘制人物眼睛面积轮廓，单击 ■"均匀填充工具"进行填充，其参数设置如图 12-58 所示，得到的图像效果如图 12-59 所示。

图12-58

图12-59

⑭ 参照图 12-60 所示绘制人物眼睛，其颜色设置为"黑色"；参照图 12-61 所示继续绘制眼睛，其颜色设置为"白色"。

图12-60

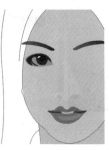

图12-61

⑮ 单击 "贝塞尔工具"绘制人物眼睛面积轮廓，单击 ■"均匀填充工具"进行填充，其参数设置如图 12-62 所示，得到的图像效果如图 12-63 所示。参照图 12-64 所示将绘制好的眼睛水平镜像复制。

图12-62

图12-63

图12-64

16 单击 🖊 "贝塞尔工具"绘制上衣面积轮廓，单击 ■ "均匀填充工具"进行填充，其参数设置如图 12-65 所示，得到的图像效果如图 12-66 所示。

17 单击 🖊 "贝塞尔工具"绘制裙子面积轮廓，单击 ■ "均匀填充工具"进行填充，其参数设置如图 12-67 所示，得到的图像效果如图 12-68 所示。

图12-65

图12-66

图12-67

图12-68

18 单击 🖊 "贝塞尔工具"绘制上衣明暗面积轮廓，如图 12-69 所示，其颜色设置如图 12-70~ 图 12-73 所示。

图12-69

图12-70

图12-71

图12-72

图12-73

19 单击 🖊 "贝塞尔工具"绘制袖口明暗面积轮廓，如图 12-74 所示，其颜色设置如图 12-75 和图 12-76 所示。

图12-74

图12-75

图12-76

10 单击 ✎ "贝塞尔工具"绘制内衣面积轮廓，单击 ▓ "图样填充工具"，打开"图样填充"对话框，其参数设置如图12-77所示，得到的图像效果如图12-78所示。

图12-77

图12-78

11 单击 ✎ "贝塞尔工具"绘制内衣面积轮廓，单击 ▓ "底纹填充工具"，打开"底纹填充"对话框，其参数设置如图12-79所示，得到的图像效果如图12-80所示。

图12-79

图12-80

11 单击 ✎ "贝塞尔工具"绘制裙子暗部面积轮廓，暗部颜色填充如图12-81所示，得到的图像效果如图12-82所示。

图12-81

图12-82

13 单击 ✎ "贝塞尔工具"绘制图像裙带轮廓，单击 ▓ "均匀填充工具"进行填充，其参数设置如图12-83所示，得到的图像效果如图12-84所示。

图12-83

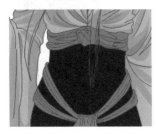

图12-84

14 单击 ✎ "贝塞尔工具"绘制图像明暗面积轮廓，如图12-85所示，其颜色设置如图12-86~图12-91所示。

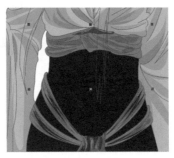

图12-85

图12-86

图12-87

图12-88

图12-89

图12-90

图12-91

15 单击 "贝塞尔工具" 绘制指甲面积轮廓,单击 "均匀填充工具" 进行填充,其参数设置如图 12-92 所示,得到的图像效果如图 12-93 所示。

16 单击 "贝塞尔工具" 绘制人物头发,如图 12-94 所示,其颜色设置为 "黑色";单击 "贝塞尔工具" 绘制头发明部面积轮廓,明部颜色填充如图 12-95 所示,得到的图像效果如图 12-96 所示。

图12-92

图12-94

图12-95

图12-93

图12-96

17 单击 "艺术笔工具",其属性栏设置如图 12-97 所示,参照图 12-98 所示绘制并调整图像;执行菜单栏中的 "文件 > 导入" 命令,将随书光盘素材文件夹中名为 "12.2" 的素材图像导入该文档中并调整摆放位置,如图 12-99 所示。

图12-97

图12-98

图12-99

CorelDRAW 服装设计完美表现技法

256

12.3 古代娇小姐服装的绘制

01 按 <Ctrl+N> 键或执行菜单栏中的"文件 > 新建"命令，系统会自动新建一个 A4 大小的空白文档。设置属性栏调整文档大小，如图 12-100 所示。

02 执行菜单栏中的"文件 > 导入"命令，将随书光盘素材文件夹中名为"12.3"的素材图像导入该文档中并调整摆放位置，如图 12-101 所示。

图12-100  图12-101

03 单击工具箱中的 "贝塞尔工具"绘制出人物的线稿轮廓，如图 12-102 所示；单击 "轮廓笔工具"，打开"轮廓笔"对话框，其参数设置如图 12-103 和图 12-104 所示。

图12-102

图12-103

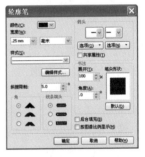

图12-104

04 参照图 12-105 所示绘制图像，其颜色设置为"白色"；单击 "贝塞尔工具"绘制图像面积轮廓，单击 "均匀填充工具"进行填充，其参数设置如图 12-106 所示，得到的图像效果如图 12-107 所示。

图12-105

图12-106

图12-107

05 单击 "贝塞尔工具"绘制书的面积轮廓，单击 "均匀填充工具"进行填充，其参数设置如图 12-108 所示，得到的图像效果如图 12-109 所示。

图12-108

图12-109

06 单击 "贝塞尔工具"绘制人物皮肤面积轮廓，单击 "均匀填充工具"进行填充，其参数设置如图 12-110 所示，得到的图像效果如图 12-111 所示。

图12-110

图12-111

07 单击 "贝塞尔工具"绘制图像面积轮廓，单击 "均匀填充工具"进行填充，其参数设置如图 12-112 所示，得到的图像效果如图 12-113 所示。

图12-112

图12-113

08 单击 "贝塞尔工具"绘制外衣面积轮廓，单击 "均匀填充工具"进行填充，其参数设置如图 12-114 所示，得到的图像效果如图 12-115 所示。

图12-114

图12-115

09 单击 "贝塞尔工具"绘制外衣暗部面积轮廓，暗部颜色填充如图 12-116 所示，得到的图像效果如图 12-117 所示。

图12-116

图129-117

10 参照图 12-118 所示绘制人物头发，其颜色设置为"黑色"；单击 "贝塞尔工具"绘制皮肤暗部面积轮廓，暗部颜色填充如图 12-119 所示，得到的图像效果如图 12-120 所示。

图12-118

图12-119

图12-120

11 单击 ➘ "贝塞尔工具" 绘制裙子明暗面积轮廓,如图 12-121 所示,其颜色设置如图 12-122、图 12-123 所示。

图12-121

图12-122

图12-123

12 单击 ➘ "贝塞尔工具" 绘制裙带面积轮廓,其颜色设置如图 12-124 所示,得到的图像效果如图 12-125 所示。

13 单击 ➘ "贝塞尔工具" 绘制裙带暗部面积轮廓,暗部颜色填充如图 12-126 所示,得到的图像效果如图 12-127 所示。

14 单击 ➘ "贝塞尔工具" 绘制领部面积轮廓,单击 ■ "均匀填充工具" 进行填充,其参数设置如图 12-128 所示,得到的图像效果如图 12-129 所示。

图12-124

图12-126

图12-128

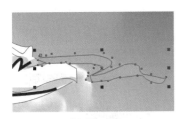

图12-125

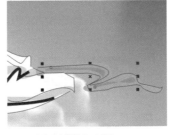

图12-127

图12-129

15 单击 ➘ "贝塞尔工具" 绘制领部明部面积轮廓,明部颜色填充如图 12-130 所示,得到的图像效果如图 12-131 所示。

图12-130

图12-131

16 单击 "贝塞尔工具"绘制飘带面积轮廓，单击 "均匀填充工具"进行填充，其参数设置如图 12-132 所示，得到的图像效果如图 12-133 所示。

图12-132

图12-133

17 单击 "贝塞尔工具"继续绘制飘带面积轮廓，单击 "均匀填充工具"进行填充，其参数设置如图 12-134 所示，得到的图像效果如图 12-135 所示。

图12-134

图12-135

18 利用同样的方法，参照图 12-136 所示绘制图像明暗面积轮廓，其颜色设置如图 12-137~ 图 12-139 所示。

图12-136

图12-137

图12-138

图12-139

19 参照图 12-140 所示绘制图像，其颜色设置为"黑色"；绘制眼睛并填充颜色为"黑色"如图 12-141 所示；参照图 12-142 所示继续绘制眼睛，填充颜色为"白色"。

图12-140

图12-141

图12-142

20 单击 "贝塞尔工具"绘制人物嘴的明暗面积轮廓，如图 12-143 所示，其颜色设置如图 12-144 和图 12-145 所示。

图12-143

图12-144

图12-145

21 单击 "贝塞尔工具"绘制头发明部面积轮廓，明部颜色填充如图 12-146 所示，得到的图像效果如图 12-147 所示。

图12-146

图12-147

⏴ 单击 ◯ "椭圆形工具"绘制图像，如图 12-148 所示；右键单击调色板中的⊠按钮，去除对象轮廓色；单击 ▮ "均匀填充工具"进行填充，其参数设置如图 12-149 所示，得到的图像效果如图 12-150 所示。

图12-148 　　　　　　　　　　图12-149 　　　　　　　　　　图12-150

⏴ 单击 ✎ "艺术笔工具"，其属性栏设置如图 12-151 所示，参照图 12-152 所示绘制并调整图像；单击 ✎ "贝塞尔工具"绘制腰饰面积轮廓，单击 ▦ "底纹填充工具"，打开"底纹填充"对话框，其参数设置如图 12-153 所示，得到的图像效果如图 12-154 所示。得到的图像最终效果如图 12-155 所示。

图12-151

图12-152 　　　　　　　　　　图12-153 　　　　　　　　　　图12-154

图12-155

01 按 <Ctrl+N> 键或执行菜单栏中的"文件 > 新建"命令，系统会自动新建一个 A4 大小的空白文档。设置属性栏调整文档大小，如图 12-156 所示。

02 单击工具箱中的 "贝塞尔工具"绘制出人物的线稿轮廓，如图 12-157 所示；单击 "轮廓笔工具"，打开"轮廓笔"对话框，其参数设置如图 12-158 所示。

图12-156

图12-157

图12-158

03 单击 "贝塞尔工具"绘制图像面积轮廓，单击 "均匀填充工具"进行填充，其参数设置如图 12-159 所示，得到的图像效果如图 12-160 所示。

04 单击 "贝塞尔工具"绘制人物面部皮肤，其颜色设置如图 12-161 所示；单击 "网状填充工具"，这时将出现网格，现在只需填充适当颜色修饰明暗即可，如图 12-162 所示。

05 单击 "贝塞尔工具"绘制图像面积轮廓，单击 "均匀填充工具"进行填充，其参数设置如图 12-163 所示，得到的图像效果如图 12-164 所示。

图12-159

图12-161

图12-163

图12-160

图12-162

图12-164

06 参照图 12-165 所示绘制人物头发，其颜色设置为"黑色"；单击 ✎ "贝塞尔工具"绘制头发明部面积轮廓，明部颜色填充如图 12-166 所示，得到的图像效果如图 12-167 所示。

图12-165

图12-166

图12-167

07 单击 ✎ "贝塞尔工具"绘制图像面积轮廓，单击"均匀填充工具"进行填充，其参数设置如图 12-168 所示，得到的图像效果如图 12-169 所示。

08 单击 ✎ "贝塞尔工具"绘制图像面积轮廓，单击 ■ "均匀填充工具"进行填充，其参数设置如图 12-170 所示，得到的图像效果如图 12-171 所示。

09 单击 ✎ "贝塞尔工具"绘制裙子面积轮廓，单击 ■ "均匀填充工具"进行填充，其参数设置如图 12-172 所示，得到的图像效果如图 12-173 所示。

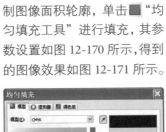

图12-168

图12-170

图12-172

图12-169

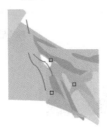

图12-171

图12-173

10 单击 ✎ "贝塞尔工具"绘制图像明暗面积轮廓，如图 12-174 所示。其颜色设置如图 12-175~图 12-179 所示。

图12-174

图12-175

图12-176

图12-177

图12-178

图12-179

11 单击 ↘ "贝塞尔工具"绘制图像面积轮廓，单击 ■ "均匀填充工具"进行填充，其参数设置如图 12-180 所示，得到的图像效果如图 12-181 所示。

12 单击 ↘ "贝塞尔工具"绘制裙饰面积轮廓，单击 ■ "均匀填充工具"进行填充，其参数设置如图 12-182 所示，得到的图像效果如图 12-183 所示。

图12-180

图12-181

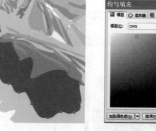
图12-182

图12-183

13 单击 ↘ "贝塞尔工具"绘制图像明暗面积轮廓，如图 12-184 所示，其颜色设置如图 12-185 和图 12-186 所示。

图12-184

图12-185

图12-186

14 单击 ↘ "贝塞尔工具"绘制眼影面积轮廓，单击 ■ "均匀填充工具"进行填充，其参数设置如图 12-187 所示，得到的图像效果如图 12-188 所示。

图12-187

图12-188

15 单击 ✎ "贝塞尔工具"继续绘制眼影面积轮廓，单击 ■ "均匀填充工具"进行填充，其参数设置如图 12-189 所示，得到的图像效果如图 12-190 所示。

16 绘制眼睛并填充颜色为"黑色"，如图 12-191 所示；参照图 12-192 所示继续绘制眼睛，填充颜色为"白色"。

图12-189

图12-190

图12-191

图12-192

17 单击 ✎ "贝塞尔工具"绘制人物嘴的明暗面积轮廓，如图 12-193 所示，其颜色设置如图 12-194 和图 12-195 所示。

图12-193

图12-194

图12-195

18 单击 ✎ "贝塞尔工具"绘制皮肤面积轮廓，单击 ■ "均匀填充工具"进行填充，其参数设置如图 12-196 所示，得到的图像效果如图 12-197 所示。

19 单击 ✎ "贝塞尔工具"绘制植物面积轮廓，单击 ■ "均匀填充工具"进行填充，其参数设置如图 12-198 所示，得到的图像效果如图 12-199 所示。

20 单击 ✎ "贝塞尔工具"绘制植物明部面积轮廓，单击 ■ "均匀填充工具"进行填充，其参数设置如图 12-200 所示，得到的图像效果如图 12-201 所示。

图12-196

图12-198

图12-200

图12-197

图12-199

图12-201

[T] 单击 ⬙ "贝塞尔工具"绘制图像面积轮廓，单击 ■ "均匀填充工具"进行填充，其参数设置如图 12-202 所示，得到的图像效果如图 12-203 所示。

图12-202

图12-203

[T] 单击 ✂ "粗糙笔刷工具"，其属性栏设置如图 12-204 所示，参照图 12-205 所示绘制图像。利用同样的方法，参照图 12-206 所示继续绘制图像。

图12-204

图12-205

图12-206

[3] 单击 ◥ "艺术笔工具"，其属性栏设置如图 12-207 所示，参照图 12-208 所示绘制并调整图像。得到的图像最终效果如图 12-209 所示。

图12-207

图12-208

图12-209

Chapter 13 舞台装的绘制

13.1 蝴蝶展翅服装的绘制

01 按 <Ctrl+N> 键或执行菜单栏中的"文件 > 新建"命令，系统会自动新建一个 A4 大小的空白文档。设置属性栏调整文档大小，如图 13-1 所示。

02 单击工具箱中的 ✎ "贝塞尔工具"绘制出人物的线稿轮廓，如图 13-2 所示；单击 ✎ "轮廓笔工具"，打开"轮廓笔"对话框，其参数设置如图 13-3 所示。

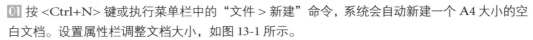

图13-1

图13-2

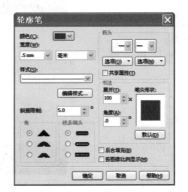

图13-3

03 单击 ↘ "贝塞尔工具"绘制人物皮肤面积轮廓,单击 ■ "均匀填充工具"进行填充,其参数设置如图 13-4 所示,得到的图像效果如图 13-5 所示。

图13-4

图13-5

04 单击 ↘ "贝塞尔工具"绘制人物裙子面积轮廓,单击 ■ "均匀填充工具"进行填充,其参数设置如图 13-6 所示,得到的图像效果如图 13-7 所示。

图13-6

图13-7

05 单击 ↘ "贝塞尔工具"绘制头发面积轮廓,单击 ■ "均匀填充工具"进行填充,其参数设置如图 13-8 所示,得到的图像效果如图 13-9 所示。

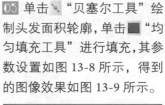

图13-8

图13-9

06 单击 ↘ "贝塞尔工具"绘制图像面积轮廓,单击 ■ "均匀填充工具"进行填充,其参数设置如图 13-10 所示,得到的图像效果如图 13-11 所示。

图13-10

图13-11

07 利用同样的方法,参照图 13-12 所示继续绘制人物头发,其颜色设置如图 13-13~ 图 13-16 所示。

图13-12

图13-13

图13-14

图13-15

图13-16

08 单击 "贝塞尔工具" 绘制裙子面积轮廓，单击 "均匀填充工具" 进行填充，其参数设置如图 13-17 所示，得到的图像效果如图 13-18 所示。

图13-17

图13-18

09 单击 "贝塞尔工具" 绘制裙子暗部面积轮廓，单击 "均匀填充工具" 进行填充，其参数设置如图 13-19 所示，得到的图像效果如图 13-20 所示。

图13-19

图13-20

10 单击 "贝塞尔工具" 绘制图像面积轮廓，单击 "均匀填充工具" 进行填充，其参数设置如图 13-21 所示，得到的图像效果如图 13-22 所示。

图13-21

图13-22

11 单击 "贝塞尔工具" 绘制衣饰面积轮廓，单击 "均匀填充工具" 进行填充，其参数设置如图 13-23 所示，得到的图像效果如图 13-24 所示。

图13-23

图13-24

12 参照图 13-25 所示继续绘制裙子明暗面积轮廓，其颜色设置如图 13-26 和图 13-27 所示；参照图 13-28 所示绘制人物眼睛，并填充颜色为 "黑色"。

图13-25

图13-27

图13-26

图13-28

13 单击 "贝塞尔工具" 绘制曲线轮廓，如图 13-29 所示；单击 "轮廓笔工具"，打开 "轮廓笔" 对话框，其参数设置如图 13-30 所示。

图13-29

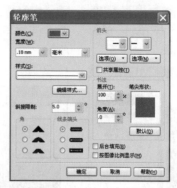
图13-30

14 参照图 13-31 所示继续绘制眼睛，其颜色设置为 "白色"；单击 "贝塞尔工具" 绘制嘴的面积轮廓，单击 "均匀填充工具" 进行填充，其参数设置如图 13-32 所示，得到的图像效果如图 13-33 所示。

图13-31

图13-32

图13-33

15 单击 "贝塞尔工具" 绘制嘴的明暗面积轮廓，如图 13-34 所示；其颜色设置如图 13-35、图 13-36 所示。

图13-34

图13-35

图13-36

16 单击 ☜ "贝塞尔工具"绘制睫毛,如图 13-37 所示;单击 ☖ "轮廓笔工具",打开"轮廓笔"对话框,其参数设置如图 13-38 所示。

17 单击 ☜ "贝塞尔工具"绘制皮肤暗部面积轮廓,暗部颜色填充如图 13-39 所示,得到的图像效果如图 13-40 所示。

图13-37　　　　　　　　图13-38

图13-39　　　　　　　　图13-40

18 单击 ☜ "艺术笔工具",其属性栏设置如图 13-41 所示,参照图 13-42 所示绘制图像;执行菜单栏中的"文件 > 导入"命令,将随书光盘素材文件夹中名为"13.1"的素材图像导入该文档中并调整摆放位置,如图 13-43 所示。

图13-41

图13-42　　　　　　　　图13-43

13.2 舞台宫廷服装的绘制

01 按 <Ctrl+N> 键或执行菜单栏中的"文件 > 新建"命令,系统会自动新建一个 A4 大小的空白文档。

02 单击工具箱中的 ☜ "贝塞尔工具"绘制出人物的线稿轮廓,如图 13-44 所示;单击 ☖ "轮廓笔工具",打开"轮廓笔"对话框,其参数设置如图 13-45 所示。

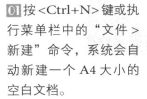

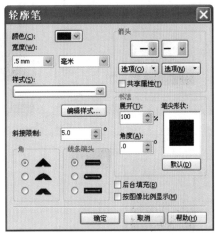

图13-44　　　　　　　　图13-45

03 单击 ✎"贝塞尔工具"绘制人物皮肤面积轮廓，单击 ■"均匀填充工具"进行填充，其参数设置如图 13-46 所示，得到的图像效果如图 13-47 所示。

图13-46

图13-47

04 单击 ✎"贝塞尔工具"绘制图像面积轮廓，单击 ■"均匀填充工具"进行填充，其参数设置如图 13-48 所示，得到的图像效果如图 13-49 所示。

图13-48

图13-49

05 单击 ✎"贝塞尔工具"绘制头饰面积轮廓，单击 ■"均匀填充工具"进行填充，其参数设置如图 13-50 所示，得到的图像效果如图 13-51 所示。

图13-50

图13-51

06 单击 ✎"贝塞尔工具"绘制图像明暗面积轮廓，如图 13-52 所示，其颜色设置如图 13-53 和图 13-54 所示。

图13-52

图13-53

图13-54

07 单击 ✎"贝塞尔工具"绘制服装面积轮廓，单击 ▓"底纹填充工具"，打开"底纹填充"对话框，其参数设置如图 13-55 所示，得到的图像效果如图 13-56 所示。

图13-55

图13-56

08 单击 ✎"贝塞尔工具"绘制服装面积轮廓，单击 ■"均匀填充工具"进行填充，其参数设置如图 13-57 所示，得到的图像效果如图 13-58 所示。

图13-57

图13-58

09 单击 ✎ "贝塞尔工具"绘制图像面积轮廓,单击 ■ "均匀填充工具"进行填充,其参数设置如图 13-59 所示,得到的图像效果如图 13-60 所示。

图13-59

图13-60

10 单击 ✎ "贝塞尔工具"绘制服装暗部面积轮廓,暗部颜色填充如图 13-61 所示,得到的图像效果如图 13-62 所示。

图13-61

图13-62

11 单击 ✎ "贝塞尔工具"绘制图像面积轮廓,单击 ■ "均匀填充工具"进行填充,其参数设置如图 13-63 所示,得到的图像效果如图 13-64 所示。

图13-63

图13-64

12 单击 ✎ "贝塞尔工具"绘制图像暗部面积轮廓,暗部颜色填充如图 13-65 所示,得到的图像效果如图 13-66 所示。

图13-65

图13-66

13 参照图 13-67 所示绘制图像,其颜色填充为"白色";单击 ✎ "贝塞尔工具"绘制眼部面积轮廓,单击 ■ "均匀填充工具"进行填充,其参数设置如图 13-68 所示,得到的图像效果如图 13-69 所示。

图13-67

图13-68

图13-69

14 单击 ✎ "贝塞尔工具"绘制眼影面积轮廓，单击 ■ "均匀填充工具"进行填充，其参数设置如图 13-70 所示，得到的图像效果如图 13-71 所示。

图13-70

图13-71

15 参照图 13-72 所示绘制眼部图像，其颜色设置为"黑色"；参照图 13-73 所示继续绘制眼部图像，其颜色设置为"白色"。利用同样的方法，参照图 13-74 所示绘制另一只眼睛。

图13-72　　　　图13-73

图13-74

16 单击 ✎ "贝塞尔工具"绘制鼻子面积轮廓，单击 ■ "均匀填充工具"进行填充，其参数设置如图 13-75 所示，得到的图像效果如图 13-76 所示。

图13-75

图13-76

17 单击 ✎ "贝塞尔工具"绘制嘴的面积轮廓，单击 ■ "均匀填充工具"进行填充，其参数设置如图 13-77 所示，得到的图像效果如图 13-78 所示。

图13-77

图13-78

18 单击 ✎ "贝塞尔工具"绘制嘴的明暗面积轮廓，如图 13-79 所示，其颜色设置如图 13-80 和图 13-81 所示。

图13-79

图13-80

图13-81

19 单击 ✎ "艺术笔工具"，其属性栏设置如图 13-82 所示，参照图 13-83 所示绘制图像；更改属性栏设置如图 13-84 所示，参照图 13-85 所示绘制图像。

图13-82

图13-83

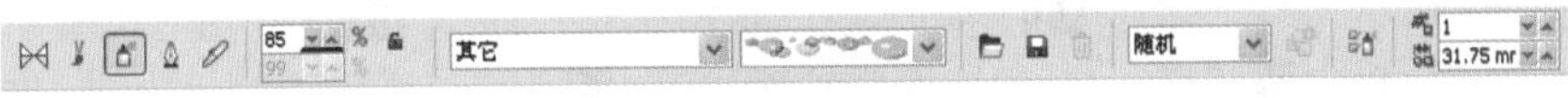

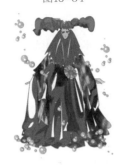

图13-84

图13-85

13.3 现代歌舞服装的绘制

01 按 <Ctrl+N> 键或执行菜单栏中的“文件 > 新建”命令，系统会自动新建一个 A4 大小的空白文档。

02 单击工具箱中的“贝塞尔工具”绘制出人物的线稿轮廓，如图 13-86 所示；单击“轮廓笔工具”，打开“轮廓笔”对话框，其参数设置如图 13-87 所示。

图13-86

图13-87

03 单击“贝塞尔工具”绘制人物裙子面积轮廓，单击“均匀填充工具”进行填充，其参数设置如图 13-88 所示，得到的图像效果如图 13-89 所示。

图13-88

图13-89

04 单击“贝塞尔工具”绘制裙子明暗面积轮廓，如图 13-90 所示，颜色设置如图 13-91 和图 13-92 所示。

图13-90

图13-91

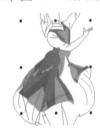

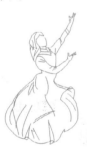

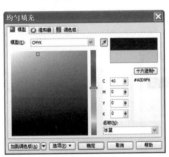

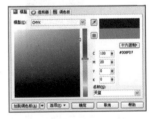

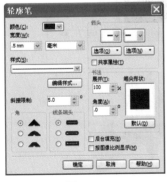

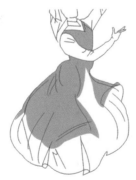

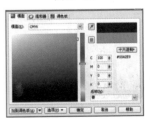

图13-92

05 单击 ✎ "贝塞尔工具"绘制裙饰面积轮廓,单击 ▧ "底纹填充工具",打开"底纹填充"对话框,其参数设置如图13-93所示,得到的图像效果如图13-94所示。

06 单击 ✎ "贝塞尔工具"绘制裙饰面积轮廓,单击 ▧ "底纹填充工具",打开"底纹填充"对话框,其参数设置如图13-95所示,得到的图像效果如图13-96所示。

07 单击 ✎ "贝塞尔工具"绘制领部面积轮廓,单击 ▧ "底纹填充工具",打开"底纹填充"对话框,其参数设置如图13-97所示,得到的图像效果如图13-98所示。

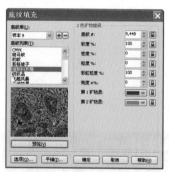

图13-93

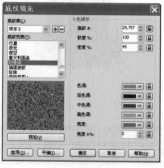

图13-95

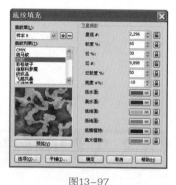

图13-97

图13-94

图13-96

图13-98

08 单击 ✎ "贝塞尔工具"绘制皮肤明暗面积轮廓,其颜色设置如图13-99和图13-100所示,得到的图像效果如图13-101所示。

09 单击 ✎ "贝塞尔工具"绘制头巾面积轮廓,单击 ▬ "均匀填充工具"进行填充,其参数设置如图13-102所示,得到的图像效果如图13-103所示。

图13-99

图13-102

图13-100

图13-101

图13-103

10 单击 ✎ "贝塞尔工具" 绘制暗部面积轮廓,如图 13-104 所示,其颜色设置如图 13-105 所示。

11 单击 ✎ "贝塞尔工具" 绘制内裙的明暗面积轮廓,如图 13-106 所示,其颜色设置如图 13-107 和图 13-108 所示。

图13-104

图13-106

图13-105

图13-107

图13-108

12 参数图 13-109 所示绘制人物头发,其颜色设置为 "黑色";单击 ✎ "贝塞尔工具" 绘制曲线轮廓,如图 13-110 所示;单击 ✎ "轮廓笔工具",打开 "轮廓笔" 对话框,其参数设置如图 13-111 所示。

图13-109

图13-110

图13-111

13 参照图 13-112 所示绘制眼部图像,其颜色设置为 "黑色";参照图 13-113 所示继续绘制眼部图像,其颜色设置为 "白色"。

图13-112

图13-113

14 单击 ✎"贝塞尔工具"绘制嘴部面积轮廓，单击 ■"均匀填充工具"进行填充，其参数设置如图 13-114 所示，得到的图像效果如图 13-115 所示。

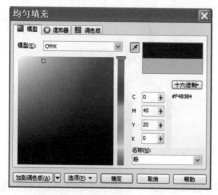

图13-114   图13-115

15 单击 ✎"贝塞尔工具"绘制嘴部的明暗面积轮廓，如图 13-116 所示，其颜色设置如图 13-117 和图 13-118 所示。

图13-116   图13-117   图13-118

16 单击 ✎"贝塞尔工具"绘制脸部面积轮廓，单击 ■"均匀填充工具"进行填充，其参数设置如图 13-119 所示，得到的图像效果如图 13-120 所示。

图13-119   图13-120

17 单击 🖫 "透明度工具"，其属性栏设置如图 13-121 所示，参照图 13-122 所示绘制图像；单击 🖉 "贝塞尔工具"绘制图像面积轮廓，单击 ■ "均匀填充工具"进行填充，其参数设置如图 13-123 所示，得到的图像效果如图 13-124 所示。

图13-121

图13-122

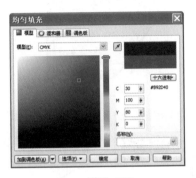

图13-123

图13-124

18 单击 🖉 "贝塞尔工具"绘制图像明部面积轮廓，明部颜色填充如图 13-125 所示，得到的图像效果如图 13-126 所示。

图13-125

图13-126

19 单击 🖉 "贝塞尔工具"绘制袖子面积轮廓，单击 ■ "均匀填充工具"进行填充，其参数设置如图 13-127 所示，得到的图像效果如图 13-128 所示。

图13-127

图13-128

20 单击 🖉 "贝塞尔工具"绘制曲线轮廓，如图 13-129 所示；单击 🖉 "轮廓笔工具"打开"轮廓笔"对话框，其参数设置如图 13-130 所示。

图13-129

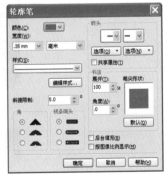

图13-130

11 单击 ◯ "多边形工具"，其属性栏设置如图 13-131 所示，参照图 13-132 所示绘制图像；右键单击调色板中的 ☒ 按钮，去除对象轮廓色；单击 ▓ "均匀填充工具"进行填充，其参数设置如图 13-133 所示，得到的图像效果如图 13-134 所示。

图13-131

图13-132

图13-133

图13-134

11 执行菜单栏中的"文件 > 导入"命令，将随书光盘素材文件夹中名为"13.3"的素材图像导入该文档中并调整摆放位置，如图 13-135 所示。

图13-135